這場冒險是有意義的！

燒杯君和他的小旅行

Beaker-kun visits
Factory / Museum / Experiment facility

探訪實驗器材的故鄉

工廠
實驗機構
博物館

上谷夫婦 著
林詠純 譯

遠流

前言

大家好，我們是這本書的作者——理科系插畫家上谷夫婦。這回出版的是燒杯君系列的第四集。前三集已經介紹過「實驗器材」、「化學實驗」以及「史上有名的器材前輩們」，而本書與前面幾集的風格有點不同。因為本書是將誠文堂新光社出版的《兒童的科學》雜誌中的連載內容集結成冊。雜誌中的內容以「燒杯君出發」為題，從２０１７年１月號起以漫畫形式展開連載。

燒杯君在連載當中，出發前往各式各樣的地方，現在內容集結成書了……話雖如此，我們並不是將連載內容原封不動搬進書裡，反而幾乎全部重新畫過。譬如，我們補充了連載時礙於篇幅而沒有放進去的資訊與插畫，為了讓內容更加好懂，重新檢視並修正了故事結構，為了讓漫畫變得比連載時更加有趣，甚至還調整了內容中的鋪陳與笑點。結果，根本不可能直接使用連載時的漫畫內容，必須「全部從頭重畫！」

除此之外，本書也收錄了全新創作的獨有內容。換句話說，本書不僅是連載內容的大幅升級，還收錄了新的故事，可說是變成了一本非常精采豐富的書。

燒杯君在本書裡，時而前往實驗器材的製造現場，時而進入博物館與巨大實驗機構等，拜訪了各式各樣的地方，參觀並了解這些場所獨一無二的景象與資訊，譬如「在棒狀溫度計中注入液體的方法」、「乾電池的品質檢查」，以及「鑷子有多少種類」、「在氣象觀測中大顯身手的火箭」等等，許多有趣的狂粉情報一一在書中接連登場。

至於全新創作的「特別篇」，燒杯君出發拜訪了微量吸管※1與精密科學擦拭紙※2的製造現場，帶回一些更是狂粉才會知道的情報，像是「每一支微量吸管都有序號」、「精密科學擦拭紙的凹凸加工名稱」等，請絕對不能錯過。除此之外，我們也以四格漫畫呈現燒杯君結束採訪時與夥伴之間的互動。這些漫畫分散在主文各處，希望大家會喜歡。

真的非常感謝在繪製本書時，協助採訪的各個企業與團體。此外，多虧了撰寫專欄的山村老師，以及設計師佐藤先生、編輯渡會先生的幫忙，讓我們完成這本非常有趣的書。

無論有沒有讀過《兒童的科學》雜誌，都能享受本書的內容。希望這本書能夠幫助更多人認識「科學的樂趣」。

上谷夫婦

※1 能夠量取少量液體的器材。新聞當中出現實驗畫面時，有相當高的機率會播放拿著這種器材的人。

※2 這種紙的外觀看起來像面紙一樣，但觸感粗糙，主要功能為擦拭。用於研究室與工廠。

序章

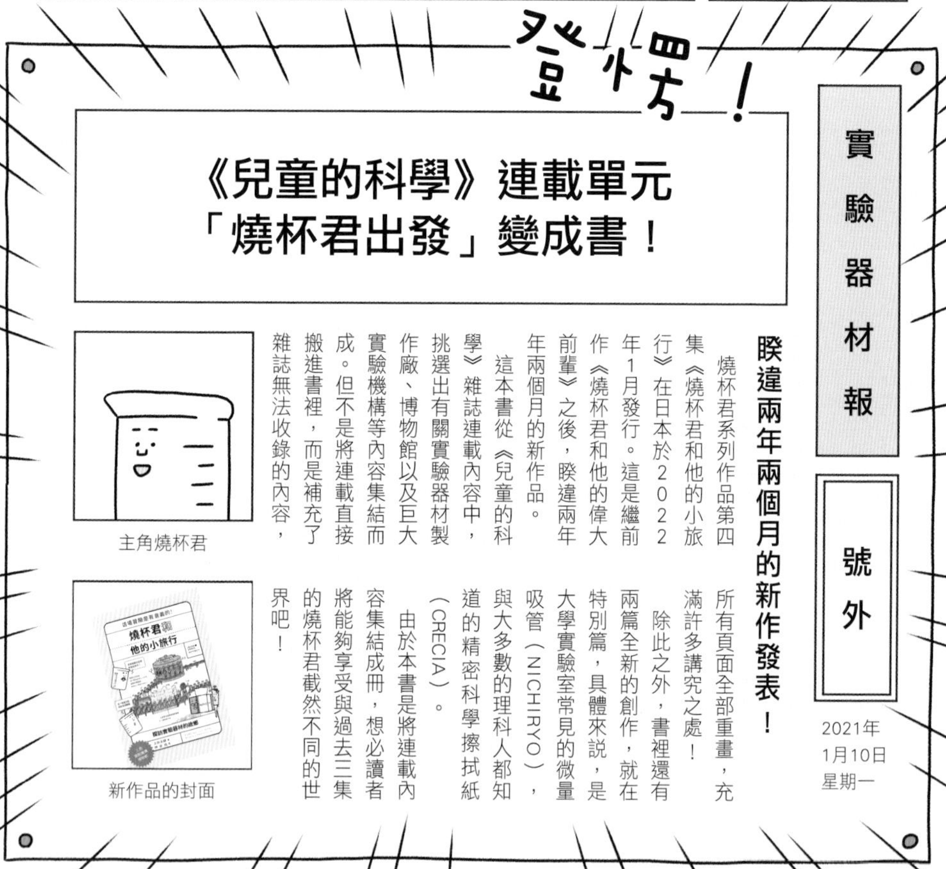

實驗器材報

號外

2021年1月10日星期一

《兒童的科學》連載單元「燒杯君出發」變成書！

睽違兩年兩個月的新作發表！

燒杯君系列作品第四集《燒杯君和他的小旅行》在日本於2022年1月發行。這是繼前作《燒杯君和他的偉大前輩》之後，睽違兩年兩個月的新作品。

這本書從《兒童的科學》雜誌連載內容中，挑選出有關實驗器材製作廠、博物館以及巨大實驗機構等內容集結而成。但不是將連載直接搬進書裡，而是補充了雜誌無法收錄的內容，所有頁面全部重畫，充滿許多講究之處！

除此之外，書裡還有兩篇全新的創作，就在特別篇，具體來說，是大學實驗室常見的微量吸管（NICHIRYO），與大多數的理科人都知道的精密科學擦拭紙（CRECIA）。

由於本書是將連載內容集結成冊，想必讀者將能夠享受與過去三集的燒杯君截然不同的世界吧！

主角燒杯君

新作品的封面

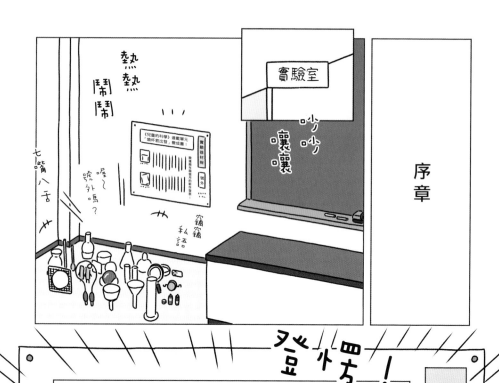

燒杯君真的去了很多地方呢！
熱熱鬧鬧
不知道超級神岡探測器那集有沒有收錄進去？
七嘴八舌
各位，大家都讀過號外了嗎？
燒杯君
喲！是主角!!
新作發表！
號外
跟我們仔細說說書的內容吧！
哪裡好看呢？
好的好的
首先，這本書是把我之前連載的採訪內容集結成冊的。
不過，不是單純的集結而已，關於內容有更詳細的說明，也補充了連載無法收錄的部分。
每一頁都是重新畫過、重新創作的喔!!
此外，書裡還增加了專門採訪的特別內容，這也一定要看！
可以從裡面知道微量吸管和精密科學擦拭紙的製造過程喔！
換句話說，就是所有內容都不能錯過吧～

目錄

前言…2
序章…4
本書的閱讀方式…8

CHAPTER 1 前往實驗器材的故鄉（玻璃、紙）

第1話 燒杯君誕生的地方…12
第2話 石蕊試紙誕生的地方…18
第3話 去見桐山漏斗先生…24
第4話 玻棒式溫度計誕生的地方…30
第5話 前往pH計的故鄉…36

COLUMN 1 玻璃器材就像藝術品…42

CHAPTER 2 前往實驗器材的故鄉（金屬）

第6話 鑷子誕生的地方…44
第7話 上皿天平、砝碼誕生的地方…50
第8話 鋼絲絨誕生的地方…60
第9話 乾電池誕生的地方…66

COLUMN 2 人類文明的背景就在鑷子！…74

CHAPTER 3 前往博物館

第10話 氣象儀器聚集的地方…76
第11話 貴重實驗器材聚集的地方…84

第12話　體驗科學技術的地方…90

COLUMN 3
愉快的(?)在雨中測量雨量…98

CHAPTER 4
前往泥盆老師的實驗室

第13話　泥盆老師的有趣實驗①取出鐵的實驗…100
第14話　泥盆老師的有趣實驗②把玻璃變成淚滴…106
第15話　泥盆老師的有趣實驗③名符其實的實驗…112

COLUMN 4
可愛的實驗室…116

CHAPTER 5
前往巨大的實驗機構

第16話　研究全新發電方法的地方…118
第17話　捕捉微中子的地方…128

COLUMN 5
神岡探測器會吃壞肚子…136

CHAPTER 6
特別篇

第18話　微量吸管誕生的地方…138
第19話　精密科學擦拭紙誕生的地方…148

尾聲…156
協助採訪的企業與團體列表…158
致謝辭…159

〈COLUMN：山村紳一郎〉

本書的閱讀方式

採訪地點的資訊
燒杯君採訪的企業與博物館等機構的簡介。

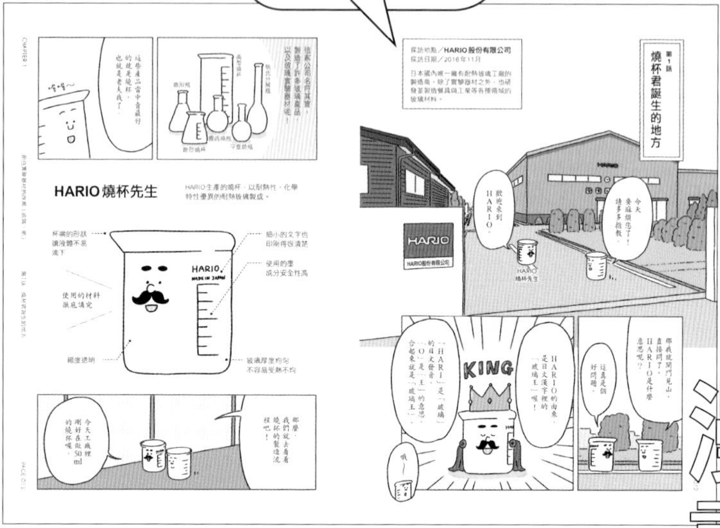

第1話 燒杯君誕生的地方
採訪地點／HARIO股份有限公司
採訪日期／2016年11月
日本國內唯一擁有耐熱玻璃工廠的製造商。除了實驗器材之外，也研發並製造餐具與工業等各種領域的玻璃材料。
HARIO燒杯先生
HARIO生產的燒杯，以耐熱性、化學特性優異的耐熱玻璃製成。
今天要麻煩您了！請多多指教。
歡迎來到HARIO。
那我就開門見山，直接問了。HARIO是什麼意思呢？
這真是個好問題。
HARIO的由來，是日文漢字裡的「玻璃王」喔！
KING

漫畫頁

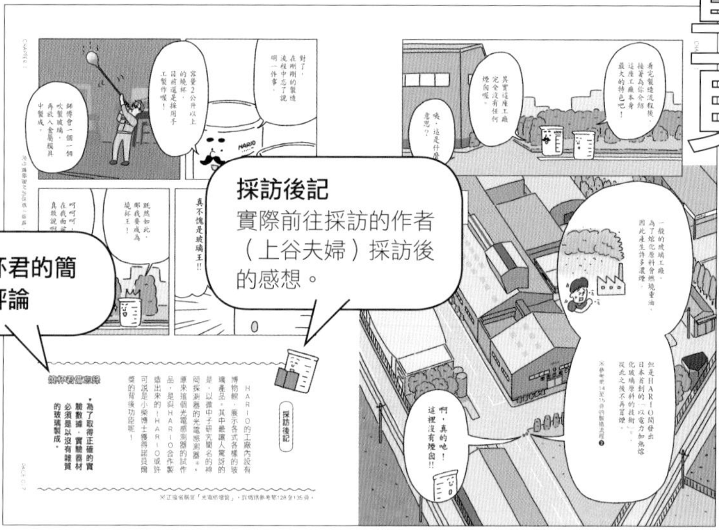

真不愧是玻璃王!!
啊，真的耶！這裡沒有煙囪!!

採訪後記
實際前往採訪的作者（上谷夫婦）採訪後的感想。

燒杯君的簡短評論

注意1 產品的製造流程與博物館的展示內容等，呈現的都是採訪當時的狀況，有可能與現在不同。

本書透過漫畫與插畫，介紹實驗器材的製造流程、博物館的展示品、實驗機構的實驗內容等。中間也會穿插實驗圖鑑、角色圖鑑以及四格漫畫喔！

圖鑑頁

四格漫畫
燒杯君和他的夥伴們在實驗室的樣子。

實驗圖鑑

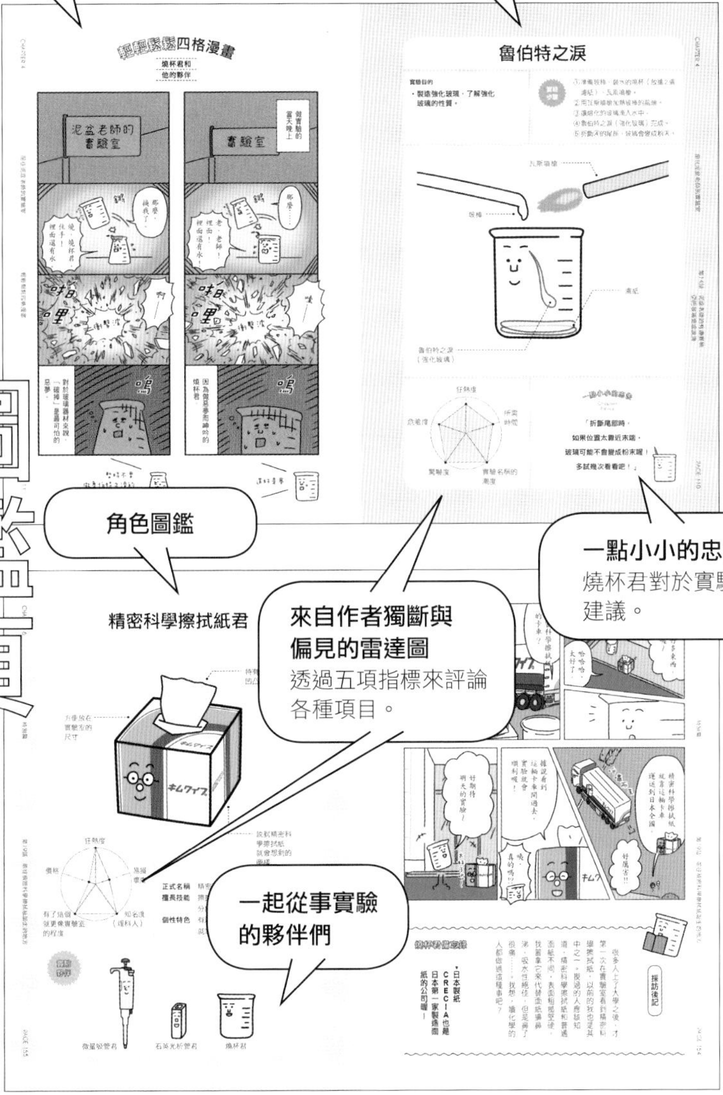

角色圖鑑

來自作者獨斷與偏見的雷達圖
透過五項指標來評論各種項目。

一點小小的忠告
燒杯君對於實驗的建議。

一起從事實驗的夥伴們

注意2
本書介紹的實驗不能由小孩單獨進行。
如果要進行實驗，請確保安全，並由熟悉實驗的老師指導。

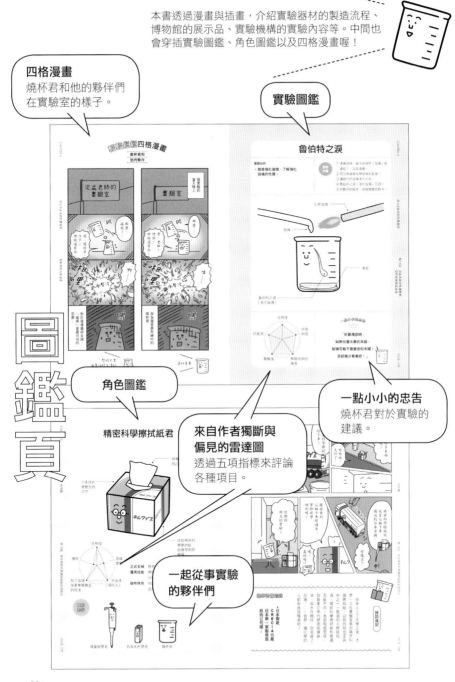

首先，
就去製造燒杯的
地方看看吧！
出發
出發

CHAPTER 1

前往實驗器材的故鄉（玻璃、紙）

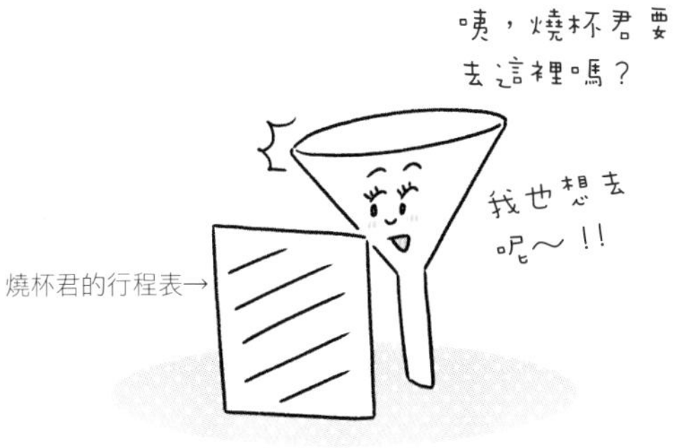
咦，燒杯君要去這裡嗎？
我也想去呢～!!
燒杯君的行程表→

採訪地點／**HARIO股份有限公司**
採訪日期／2016年11月

日本國內唯一擁有耐熱玻璃工廠的製造商。除了實驗器材之外，也研發並製造餐具與工業等各種領域的玻璃材料。

第1話 燒杯君誕生的地方

HARIO
今天要麻煩您了！請多多指教。
歡迎來到HARIO。
HARIO股份有限公司
HARIO
燒杯先生
那我就開門見山，直接問了。HARIO是什麼意思呢？
這真是個好問題。
HARIO的由來，是日文漢字裡的「玻璃王」喔！
「HARI」是「玻璃」的日文發音，「O」是「王」的意思，合起來就是「玻璃王」。
KING
哦～

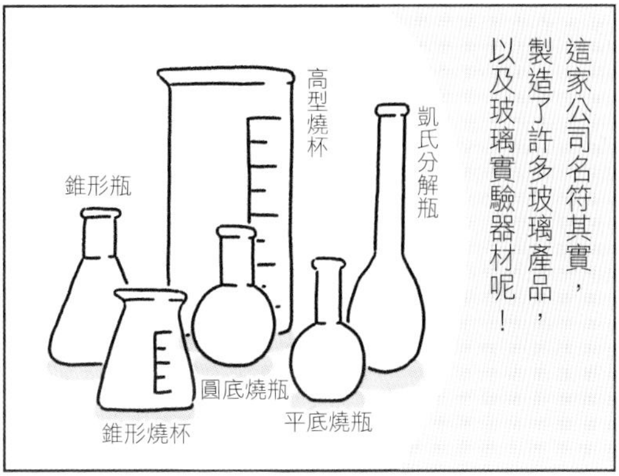
這家公司名符其實，製造了許多玻璃產品，以及玻璃實驗器材呢！
凱氏分解瓶
高型燒杯
錐形瓶
圓底燒瓶
平底燒瓶
錐形燒杯

這些產品當中賣最好的就是燒杯，也就是老夫我了。
喔喔～

HARIO燒杯先生

HARIO生產的燒杯，以耐熱性、化學特性優異的耐熱玻璃製成。

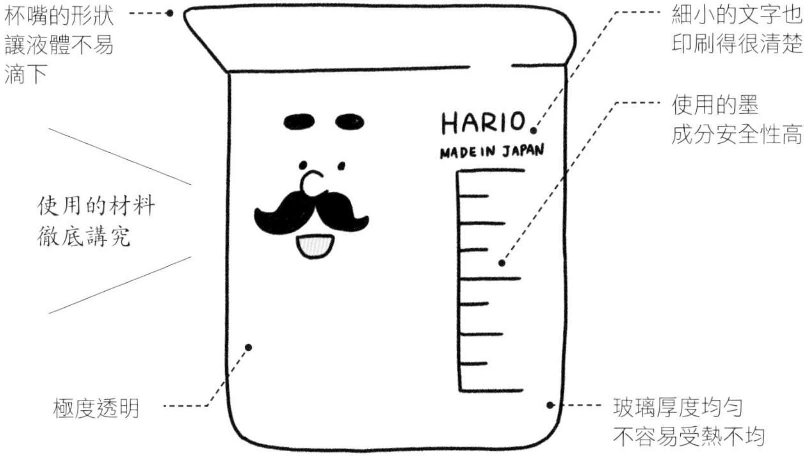
杯嘴的形狀讓液體不易滴下
細小的文字也印刷得很清楚
使用的墨成分安全性高
使用的材料徹底講究
HARIO
MADE IN JAPAN
極度透明
玻璃厚度均勻不容易受熱不均

那麼，我們就去看看燒杯的製造流程吧！
今天工廠裡剛好在做50ml的燒杯喔。
HARIO

燒杯的製造流程

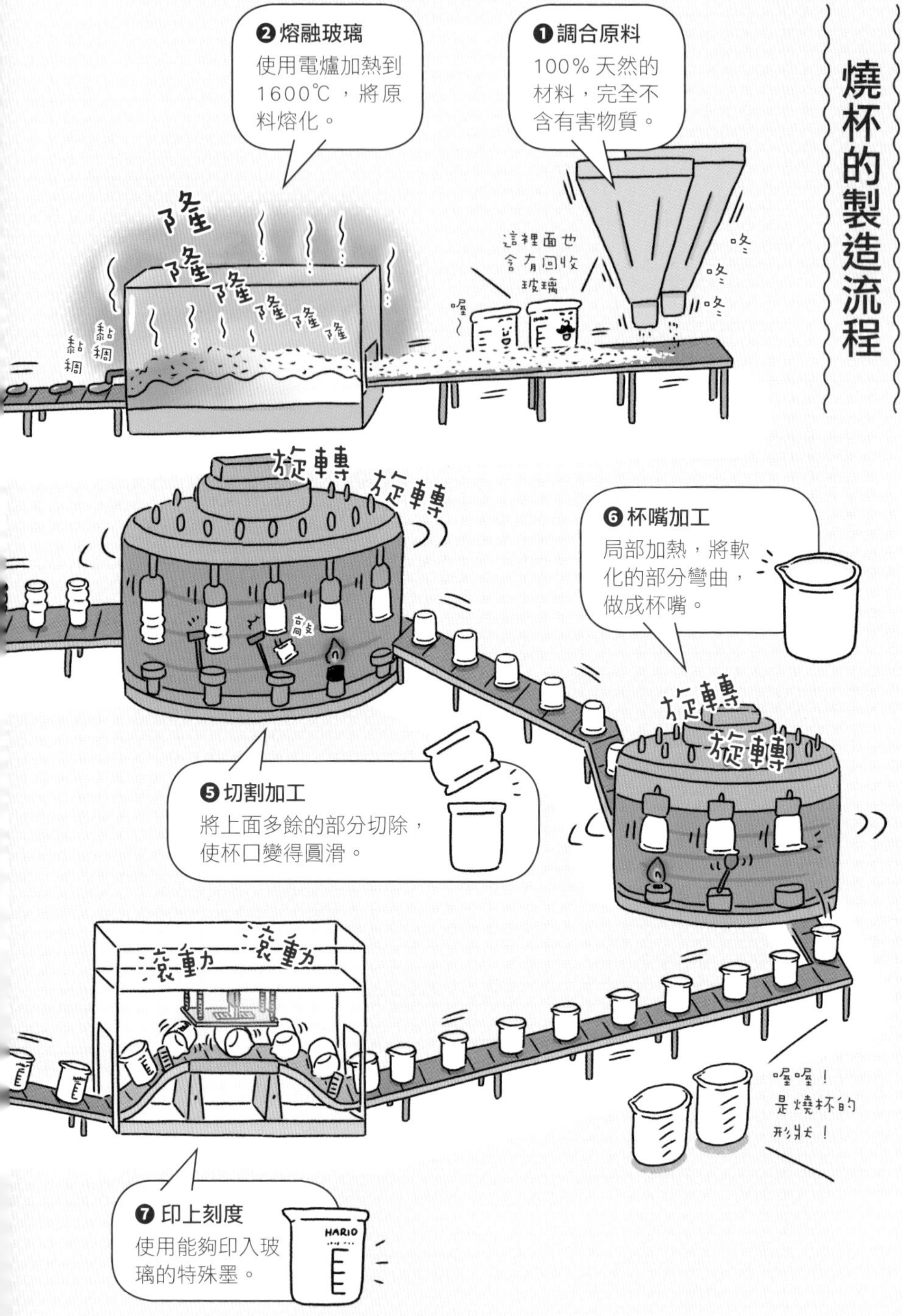
❶調合原料
100% 天然的材料，完全不含有害物質。
❷熔融玻璃
使用電爐加熱到1600℃，將原料熔化。
隆隆隆隆隆隆
黏稠黏稠
這裡面也含有回收玻璃
喔～
咚咚咚
旋轉旋轉
敲
❺切割加工
將上面多餘的部分切除，使杯口變得圓滑。
❻杯嘴加工
局部加熱，將軟化的部分彎曲，做成杯嘴。
旋轉旋轉
滾動滾動
喔喔！是燒杯的形狀！
❼印上刻度
使用能夠印入玻璃的特殊墨。
HARIO

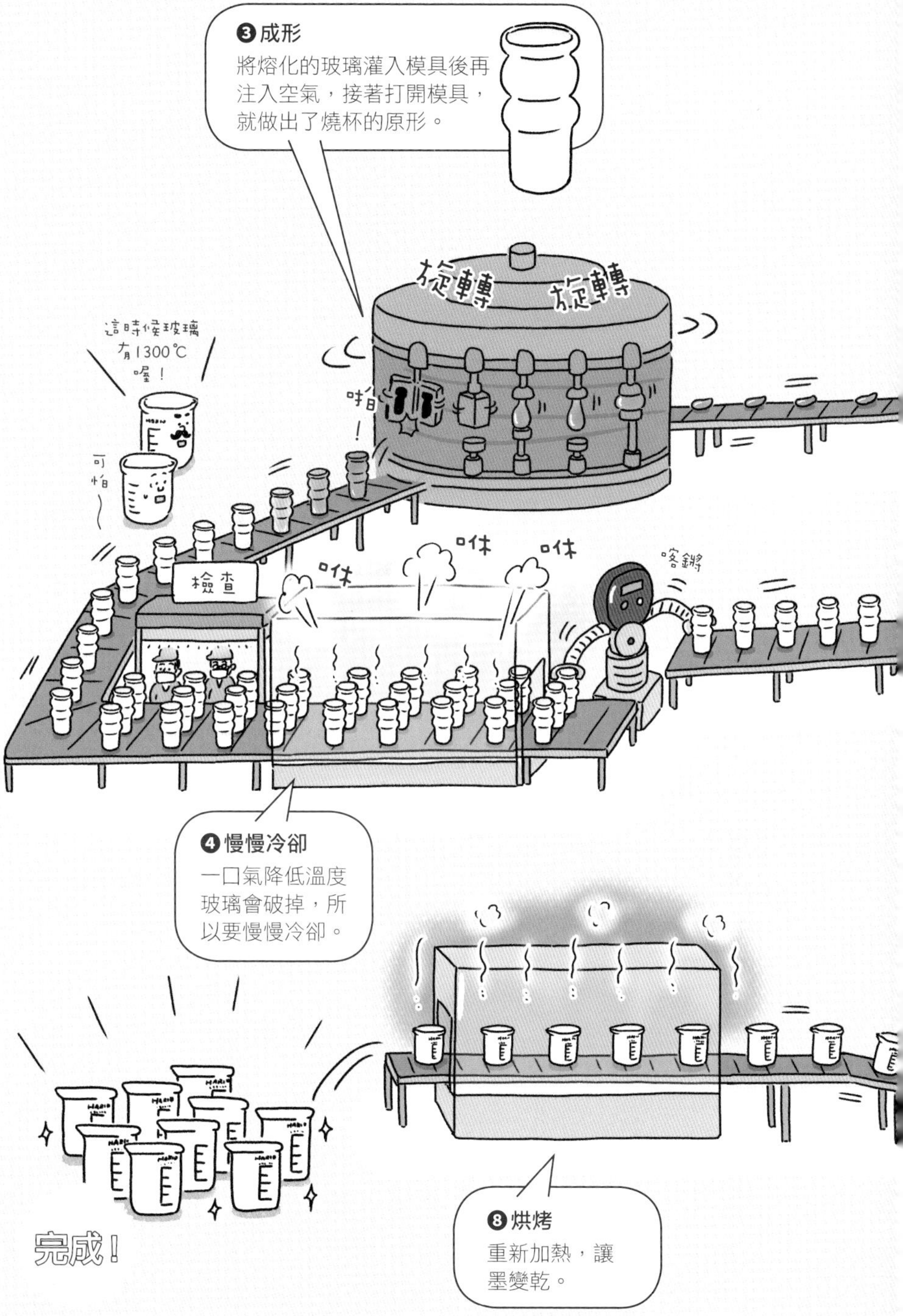
❸成形
將熔化的玻璃灌入模具後再注入空氣，接著打開模具，就做出了燒杯的原形。
旋轉
旋轉
這時候玻璃有1300℃喔！
可怕～
啪！
檢查
咻
咻
咻
喀鏘
❹慢慢冷卻
一口氣降低溫度玻璃會破掉，所以要慢慢冷卻。
完成！
❽烘烤
重新加熱，讓墨變乾。

看完製造流程後，接著為你介紹這座工廠本身最大的特色吧！
其實這座工廠完全沒有任何煙囪喔。
咦，這是什麼意思？
HARIO工廠的俯視圖
一般的玻璃工廠，為了熔化原料會燃燒重油，因此產生許多濃煙。
咳
咳
但是HARIO開發出日本首創的「以電力加熱熔化玻璃原料的技術」※，從此之後不再冒煙。
※參考第14至15頁的製造流程❷
啊，真的吔！這裡沒有煙囪!!

對了，在剛剛的製造流程中忘了說明一件事。
容量2公升以上的燒杯，目前還是採用手工製作喔！
HARIO
師傅會一個一個吹製玻璃，再放入金屬模具中製成。
原來如此……
完美結合了先進技術與師傅的手藝，真不愧是玻璃王!!
既然如此，那我要成為燒杯王！
呵呵呵，在我面前你還真敢說啊！
HARIO

採訪後記

HARIO的工廠內設有博物館，展示各式各樣的玻璃產品。其中最讓人驚訝的是，以微中子研究聞名的神岡探測器的光電感測器※。原來這個光電感測器的試作品，是與HARIO合作製造出來的！HARIO或許可說是小柴博士獲得諾貝爾獎的背後功臣呢！

燒杯君備忘錄

▼為了取得正確的實驗數據，實驗器材必須是以沒有雜質的玻璃製成。

※正確名稱是「光電倍增管」，詳情請參考第128至135頁。

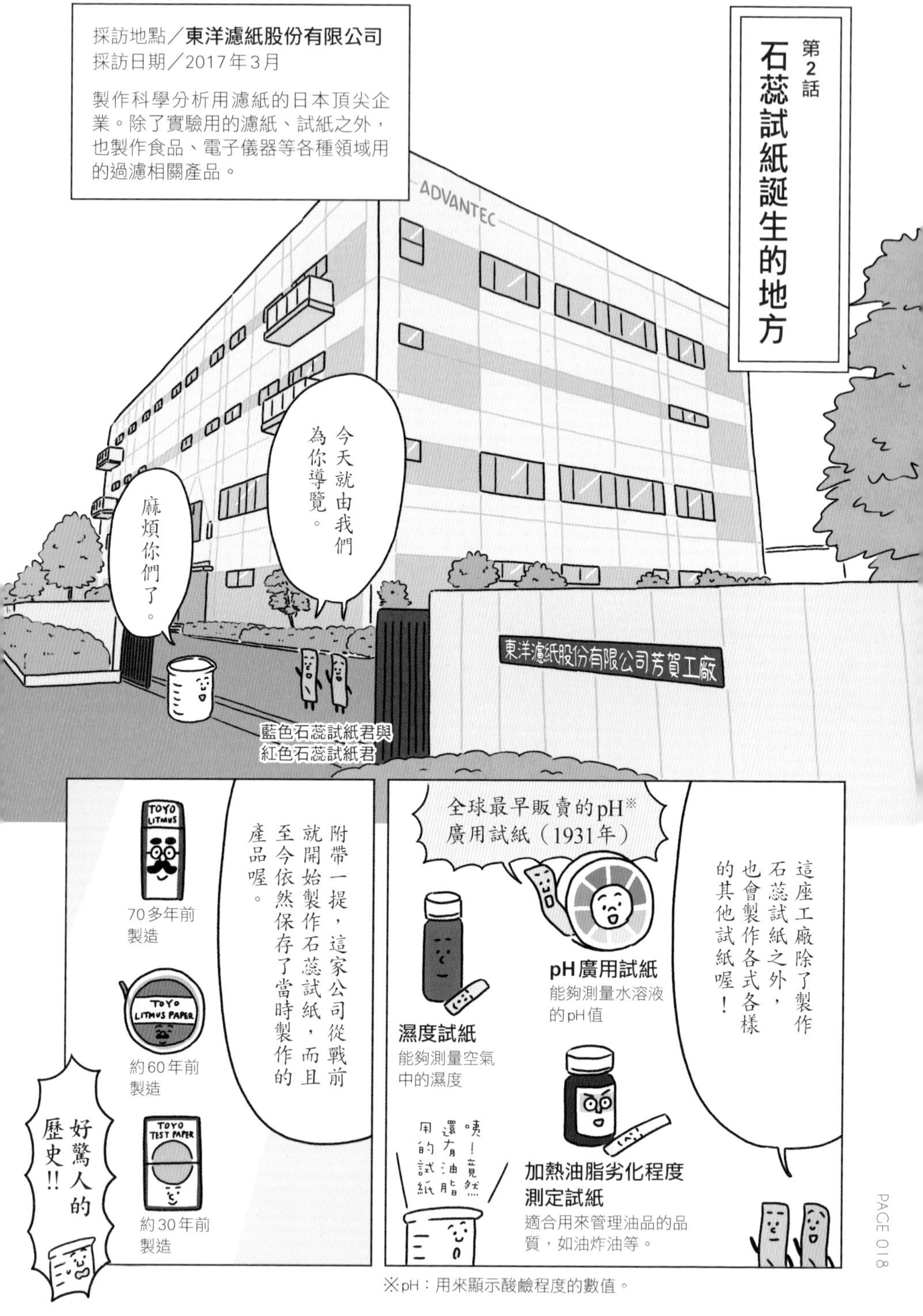

第2話
石蕊試紙誕生的地方
採訪地點／東洋濾紙股份有限公司
採訪日期／2017年3月
製作科學分析用濾紙的日本頂尖企業。除了實驗用的濾紙、試紙之外，也製作食品、電子儀器等各種領域用的過濾相關產品。
ADVANTEC
今天就由我們為你導覽。
麻煩你們了。
東洋濾紙股份有限公司芳賀工廠
藍色石蕊試紙君與紅色石蕊試紙君
這座工廠除了製作石蕊試紙之外，也會製作各式各樣的其他試紙喔！
全球最早販賣的pH※廣用試紙（1931年）
pH廣用試紙
能夠測量水溶液的pH值
濕度試紙
能夠測量空氣中的濕度
加熱油脂劣化程度測定試紙
適合用來管理油品的品質，如油炸油等。
咦！竟然還有油脂用的試紙
附帶一提，這家公司從戰前就開始製作石蕊試紙，而且至今依然保存了當時製作的產品喔。
TOYO LITMUS
70多年前製造
TOYO LITMUS PAPER
約60年前製造
TOYO TEST PAPER
約30年前製造
好驚人的歷史!!

※pH：用來顯示酸鹼程度的數值。

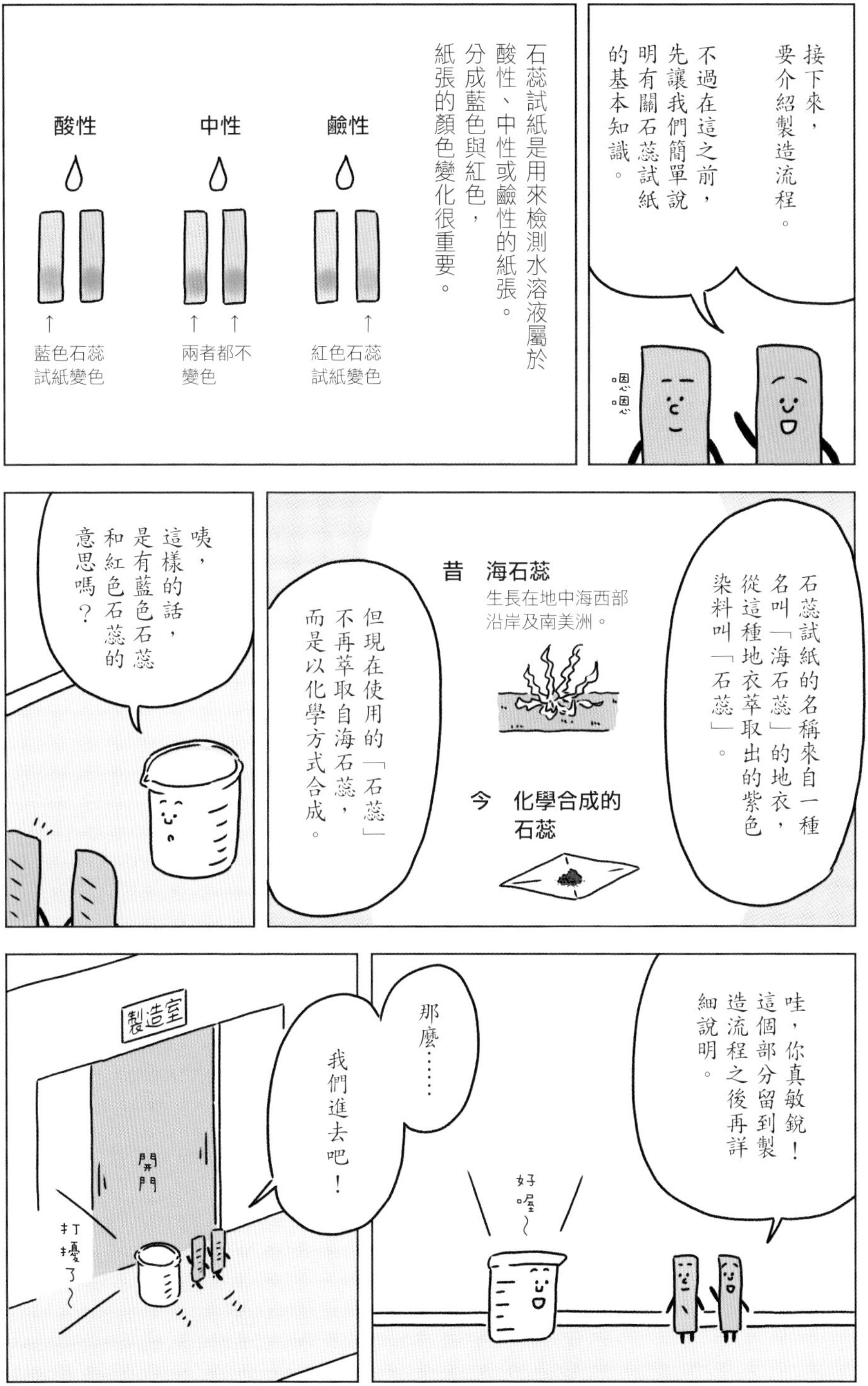
接下來，要介紹製造流程。
不過在這之前，先讓我們簡單說明有關石蕊試紙的基本知識。
嗯嗯
石蕊試紙是用來檢測水溶液屬於酸性、中性或鹼性的紙張。分成藍色與紅色，紙張的顏色變化很重要。
鹼性
紅色石蕊試紙變色
中性
兩者都不變色
酸性
藍色石蕊試紙變色
石蕊試紙的名稱來自一種名叫「海石蕊」的地衣，從這種地衣萃取出的紫色染料叫「石蕊」。
昔　海石蕊
生長在地中海西部沿岸及南美洲。
今　化學合成的石蕊
但現在使用的「石蕊」不再萃取自海石蕊，而是以化學方式合成。
咦，這樣的話，是有藍色石蕊和紅色石蕊的意思嗎？
哇，你真敏銳！這個部分留到製造流程之後再詳細說明。
好喔～
那麼……
我們進去吧！
製造室
開門
打擾了～

藍色石蕊試紙的製造流程

❶製作染色液

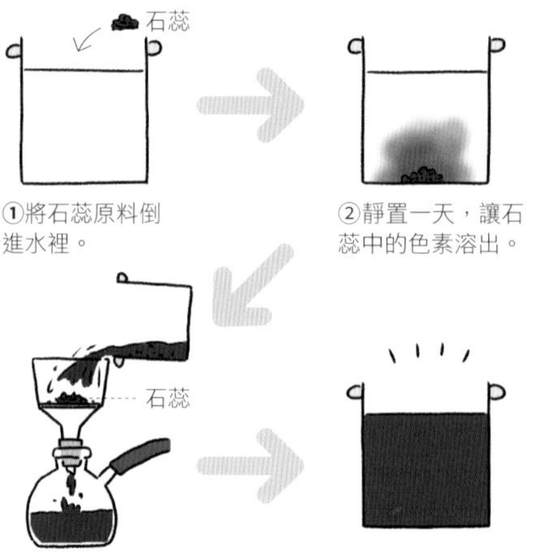
石蕊
石蕊

①將石蕊原料倒進水裡。

②靜置一天，讓石蕊中的色素溶出。

③過濾②，把石蕊和溶液分離。

④重新利用過濾取出的石蕊，重複①～③。用三天完成製作。

光是製作染色液就要三天嗎!?
沒錯

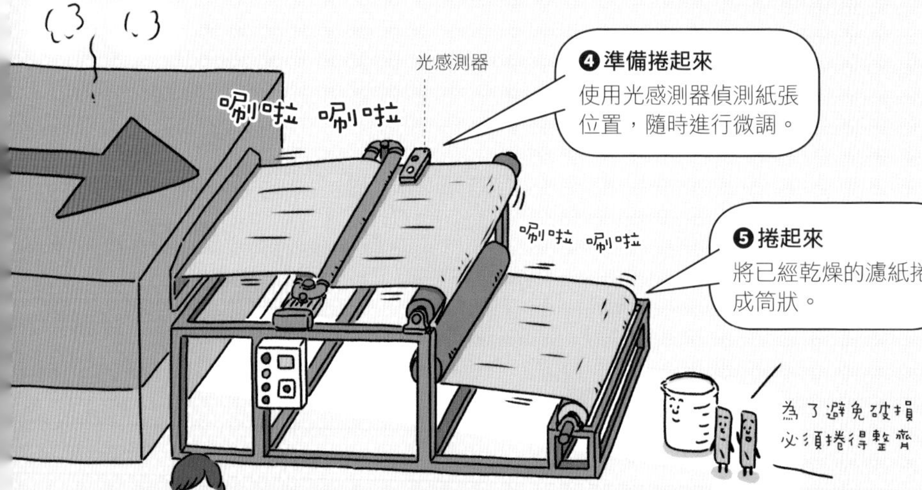
光感測器
唰啦 唰啦
唰啦 唰啦
為了避免破損必須捲得整齊

嗶

❹準備捲起來

使用光感測器偵測紙張位置，隨時進行微調。

❺捲起來

將已經乾燥的濾紙捲成筒狀。

❻檢查品質

①檢查顏色
測量製造品的顏色是否呈現正確的藍。

②檢查性能
在基準品與製造品上沾附不同pH值的液體，確認顏色變化相同。

比色計※→
嗶
←製造品
基準品→
←製造品
pH5
pH6
pH7
pH8

※能夠用數值表示顏色的儀器

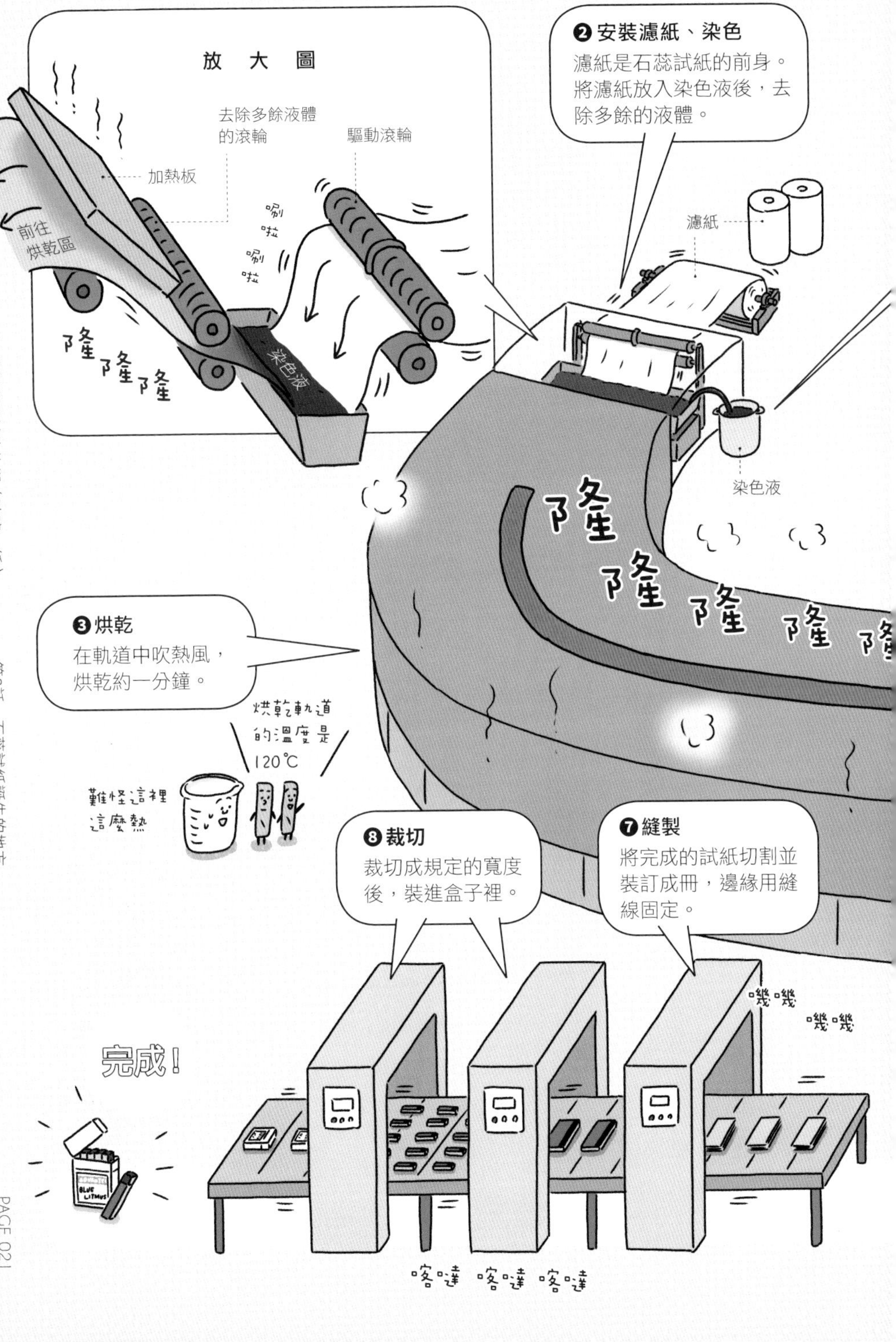
放　大　圖
去除多餘液體的滾輪
驅動滾輪
加熱板
前往烘乾區
唰啦
唰啦
染色液
隆隆隆
❷安裝濾紙、染色
濾紙是石蕊試紙的前身。將濾紙放入染色液後，去除多餘的液體。
濾紙
染色液
隆隆隆隆隆
❸烘乾
在軌道中吹熱風，烘乾約一分鐘。
烘乾軌道的溫度是120℃
難怪這裡這麼熱
❽裁切
裁切成規定的寬度後，裝進盒子裡。
❼縫製
將完成的試紙切割並裝訂成冊，邊緣用縫線固定。
嘰嘰
嘰嘰
完成！
BLUE LITMUS
喀噠　喀噠　喀噠

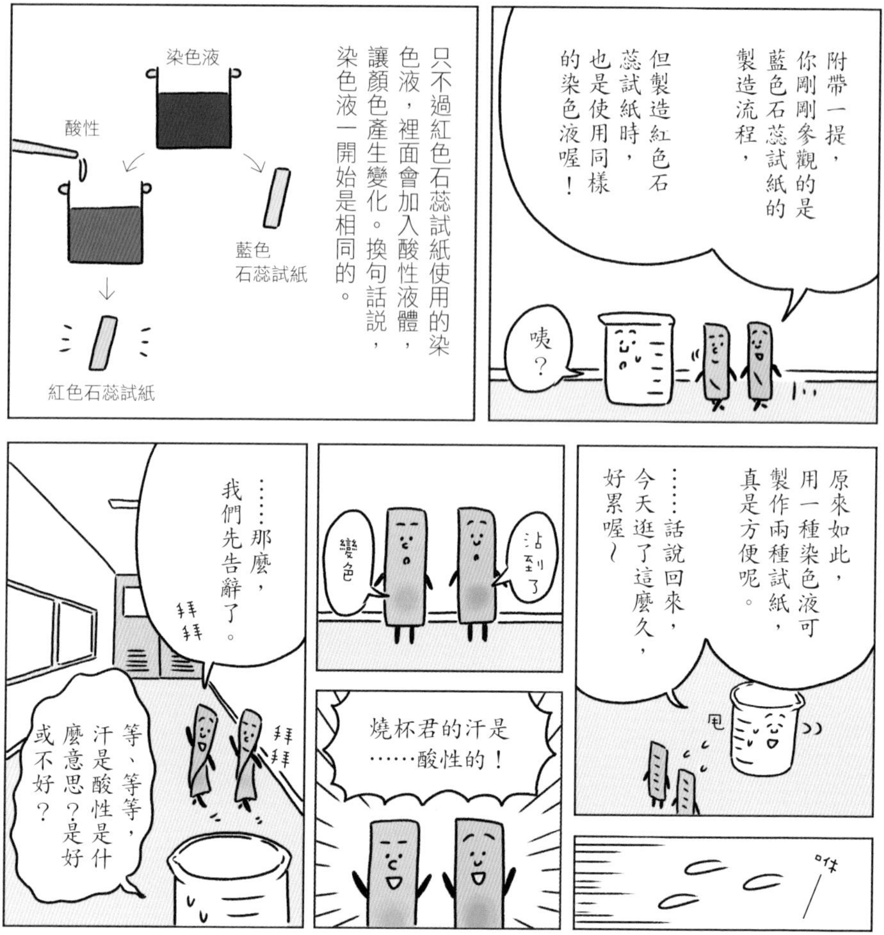
附帶一提，你剛剛參觀的是藍色石蕊試紙的製造流程，
但製造紅色石蕊試紙時，也是使用同樣的染色液喔！
咦？
只不過紅色石蕊試紙使用的染色液，裡面會加入酸性液體，讓顏色產生變化。換句話說，染色液一開始是相同的。
染色液
酸性
藍色石蕊試紙
紅色石蕊試紙
原來如此，用一種染色液可製作兩種試紙，真是方便呢。
……話說回來，今天逛了這麼久，好累喔～
沾到了
變色
燒杯君的汗是……酸性的！
咻
……那麼，我們先告辭了。
拜拜
拜拜
等、等等，汗是酸性是什麼意思？是好或不好？

取材後記

漫畫開頭提到，東洋濾紙是全球最早製造pH廣用試紙的公司，當時是連測量pH的意義都還不太清楚的時代。時至今日，pH試紙已經成為主流，就連理化課也會使用呢！《燒杯君和他偉大的前輩》中介紹了詳細內容，歡迎找來看看喔！

燒杯君備忘錄

▼汗通常是弱酸性。不過流汗量大的時候，汗也可能變成鹼性。

豆知識

紫色高麗菜實驗

像石蕊試紙這種會隨著酸鹼值改變顏色的試紙，也可以自己製作喔！

❶準備以下的材料與工具。

紫色高麗菜
廚房紙巾
篩網
剪刀
盤子
熱水

❷將紫色高麗菜剪碎，在冷凍庫放一個晚上※。

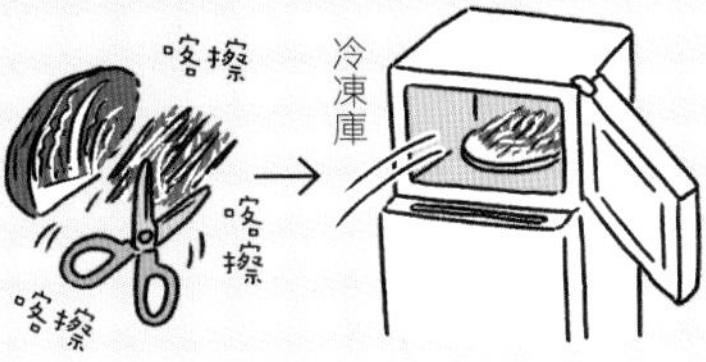
喀擦
喀擦
喀擦
冷凍庫

※這麼做能夠破壞紫色高麗菜的細胞，更容易萃取出色素。

❸將冷凍的紫色高麗菜放進熱水裡，靜置一至兩個小時。

❹用篩網將❸的液體過濾到盤子裡。

唰啦啦啦

❺將廚房紙巾剪成小片放入盤中，沾滿液體後取出。

❻將❺的紙片烘乾，紫色高麗菜試紙就完成了！

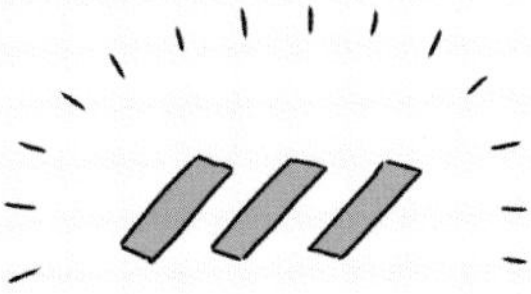

❼把各式各樣的液體滴在試紙上，觀察顏色的變化吧！

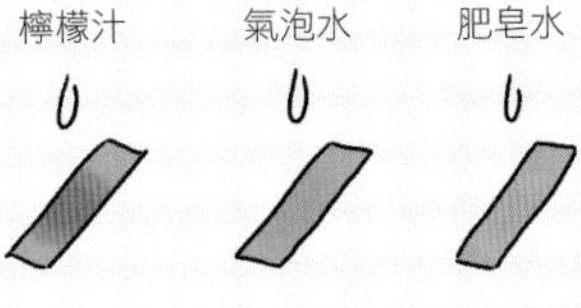
檸檬汁
氣泡水
肥皂水

雖然希望大家測試各式各樣的液體，但有些液體具有危險，譬如漂白水！請小朋友不要獨自進行，一定要找大人陪同喔！

第3話
去見桐山漏斗先生
採訪地點／桐山製作所股份有限公司
採訪日期／2017年8月
專門製造實驗用玻璃器材與裝置的公司。除了現成的製品，也能配合客戶需求，製造客製化器材。
呀～桐山漏斗先生——!!
不好意思，漏斗小妹說什麼都要一起來……
喔，這樣啊。
KIRIYAMA
桐山漏斗先生
這真是我的榮幸，謝謝你來。希望你逛得開心。
會的——♡
我覺得她眼裡大概只看得見桐山漏斗先生……

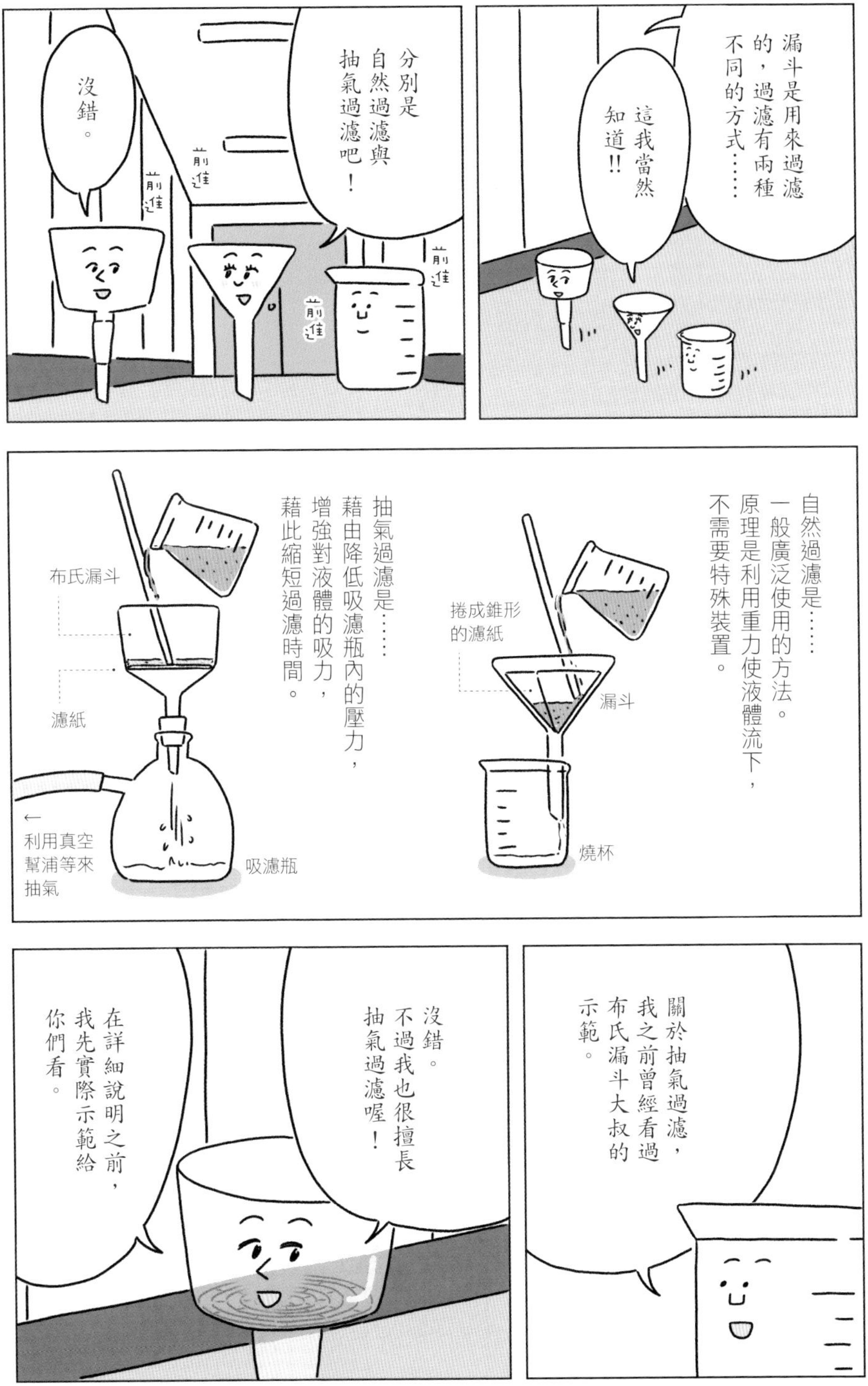
漏斗是用來過濾的，過濾有兩種不同的方式……
這我當然知道!!
分別是自然過濾與抽氣過濾吧！
沒錯。
前進
前進
前進
前進
自然過濾是……一般廣泛使用的方法。原理是利用重力使液體流下，不需要特殊裝置。
捲成錐形的濾紙
漏斗
燒杯
抽氣過濾是……藉由降低吸濾瓶內的壓力，增強對液體的吸力，藉此縮短過濾時間。
布氏漏斗
濾紙
吸濾瓶
←利用真空幫浦等來抽氣
關於抽氣過濾，我之前曾經看過布氏漏斗大叔的示範。
沒錯。不過我也很擅長抽氣過濾喔！
在詳細說明之前，我先實際示範給你們看。

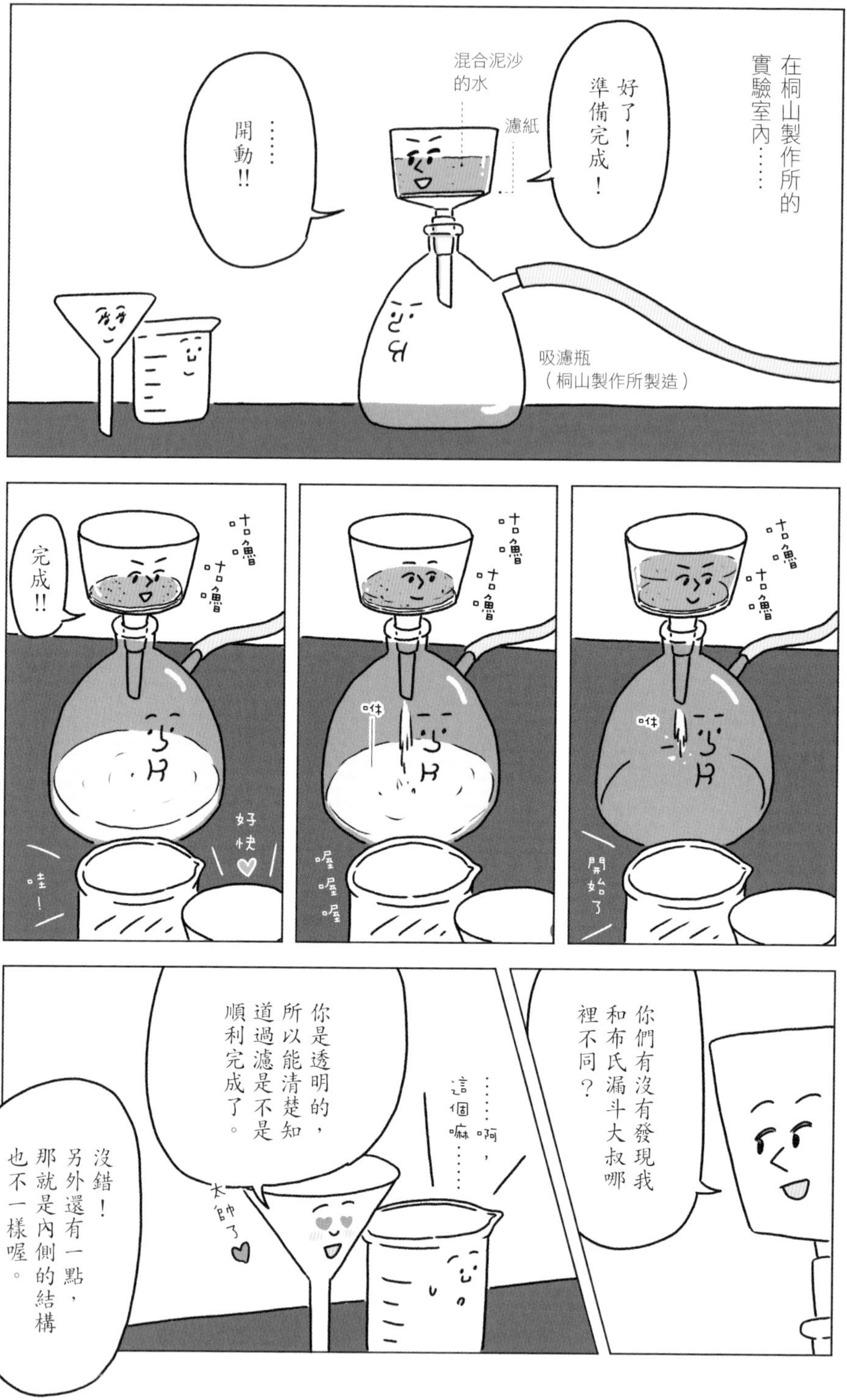
在桐山製作所的實驗室內……
好了！準備完成！
混合泥沙的水
濾紙
……開動!!
吸濾瓶（桐山製作所製造）
咕嚕 咕嚕
咻
開始了
咕嚕 咕嚕
咻
喔喔喔
咕嚕 咕嚕
完成!!
好快♡
哇！
你們有沒有發現我和布氏漏斗大叔哪裡不同？
你是透明的，所以能清楚知道過濾是不是順利完成了。
……啊，這個嘛……
太帥了♡
沒錯！另外還有一點，那就是內側的結構也不一樣喔。

桐山漏斗先生

桐山製作所研發製造的漏斗。玻璃製。
能在抽氣過濾時大顯身手。

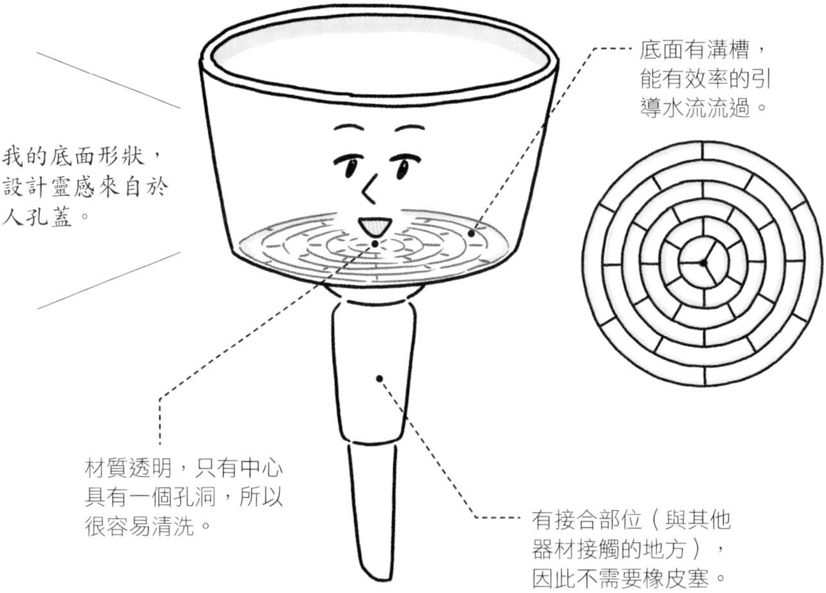
我的底面形狀，
設計靈感來自於
人孔蓋。
底面有溝槽，
能有效率的引
導水流流過。
材質透明，只有中心
具有一個孔洞，所以
很容易清洗。
有接合部位（與其他
器材接觸的地方），
因此不需要橡皮塞。

那麼，接著就來介紹我的製造流程吧！
好～

參考

布氏漏斗大叔

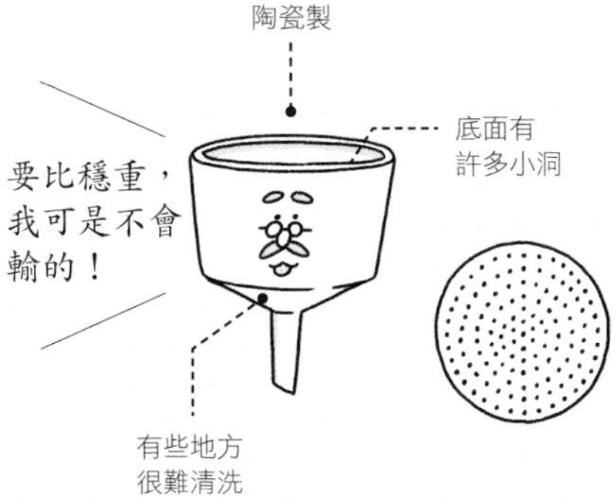
陶瓷製
底面有
許多小洞
要比穩重，
我可是不會
輸的！
有些地方
很難清洗

桐山漏斗的製造流程

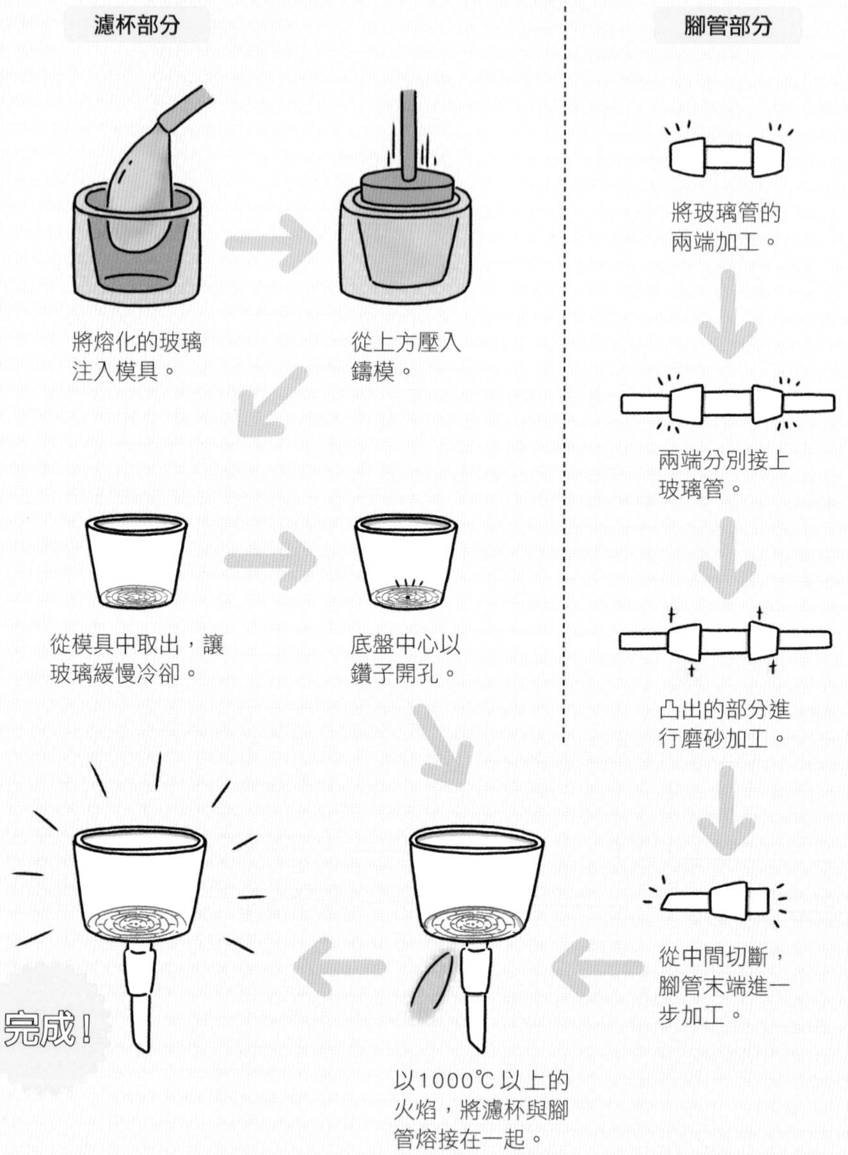
濾杯部分
將熔化的玻璃注入模具。
從上方壓入鑄模。
從模具中取出，讓玻璃緩慢冷卻。
底盤中心以鑽子開孔。
腳管部分
將玻璃管的兩端加工。
兩端分別接上玻璃管。
凸出的部分進行磨砂加工。
從中間切斷，腳管末端進一步加工。
以1000℃以上的火焰，將濾杯與腳管熔接在一起。
完成！

以上就是這次的介紹，你們覺得如何呢？
嗯……
我很高興能夠了解有關桐山漏斗先生的許多事情！
原來，底面的形狀與腳管的部分有那樣的祕密……
沒錯！實驗器材的形狀一定都是有道理的！
思考那個形狀的道理，說不定也是一種樂趣呢！
靠近
這一次，我出場的機會好少……

採訪後記

桐山製作所的師傅們，會一邊學習化學，一邊在實驗室進行各種實驗。由於師傅們具備化學知識，因此對實驗器材有深入的理解，遇到特殊器材訂單及開發新器材時，應對能力也就提高了。靠著師傅們的玻璃加工技術與化學知識，優秀的器材才能誕生吧！

燒杯君備忘錄

▼用公司的名字幫器材命名，令人莫名的嚮往呢！

第4話 玻棒式溫度計誕生的地方

採訪地點／**中村溫度計製作所**
採訪日期／2018年3月

日本少數專門製造玻璃溫度計的公司之一。也能根據客戶要求，製造特殊長度或形狀的溫度計。

中村溫度計製作所
今天，要麻煩你了。
請多指教。
中村溫度計君
打擾了~
哇!!
一進來就看到好多溫度計啊！
這些都是即將出貨的產品。

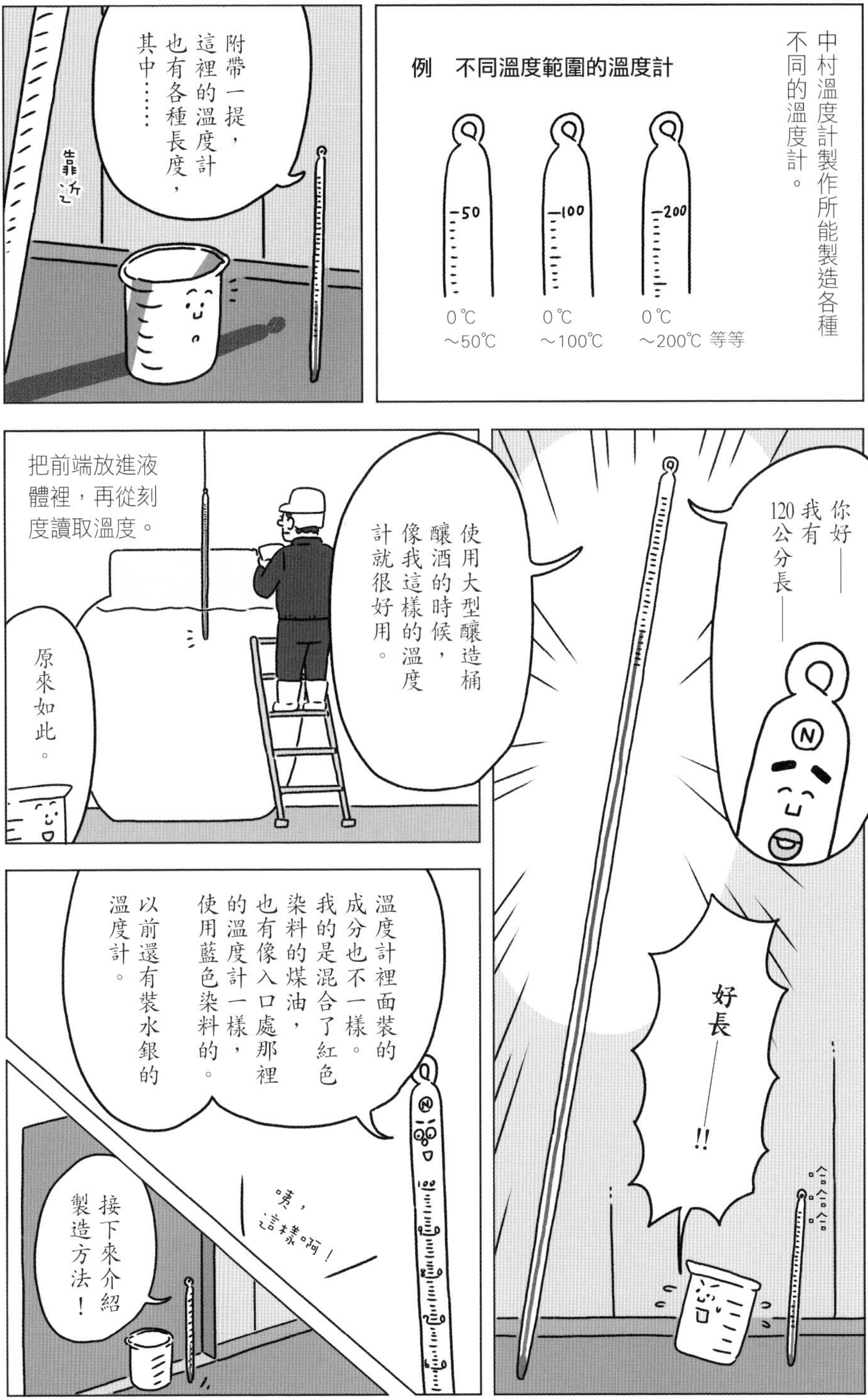
中村溫度計製作所能製造各種不同的溫度計。
例 不同溫度範圍的溫度計
50
100
200
0℃～50℃
0℃～100℃
0℃～200℃ 等等
附帶一提，這裡的溫度計也有各種長度，其中……
靠近
你好——我有120公分長——
好長——!!
哈哈哈
使用大型釀造桶釀酒的時候，像我這樣的溫度計就很好用。
把前端放進液體裡，再從刻度讀取溫度。
原來如此。
溫度計裡面裝的成分也不一樣。我的是混合了紅色染料的煤油，也有像入口處那裡的溫度計一樣，使用藍色染料的。以前還有裝水銀的溫度計。
咦，這樣啊！
接下來介紹製造方法！

玻棒式溫度計的製造流程

（刻度範圍 0℃~100℃）

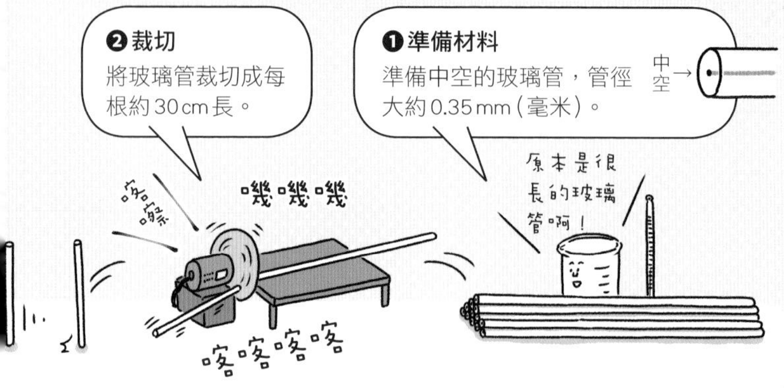
❷裁切
將玻璃管裁切成每根約30cm長。
❶準備材料
準備中空的玻璃管，管徑大約0.35mm（毫米）。
中空→
原本是很長的玻璃管啊！
喀嚓
嘰嘰嘰
喀喀喀喀

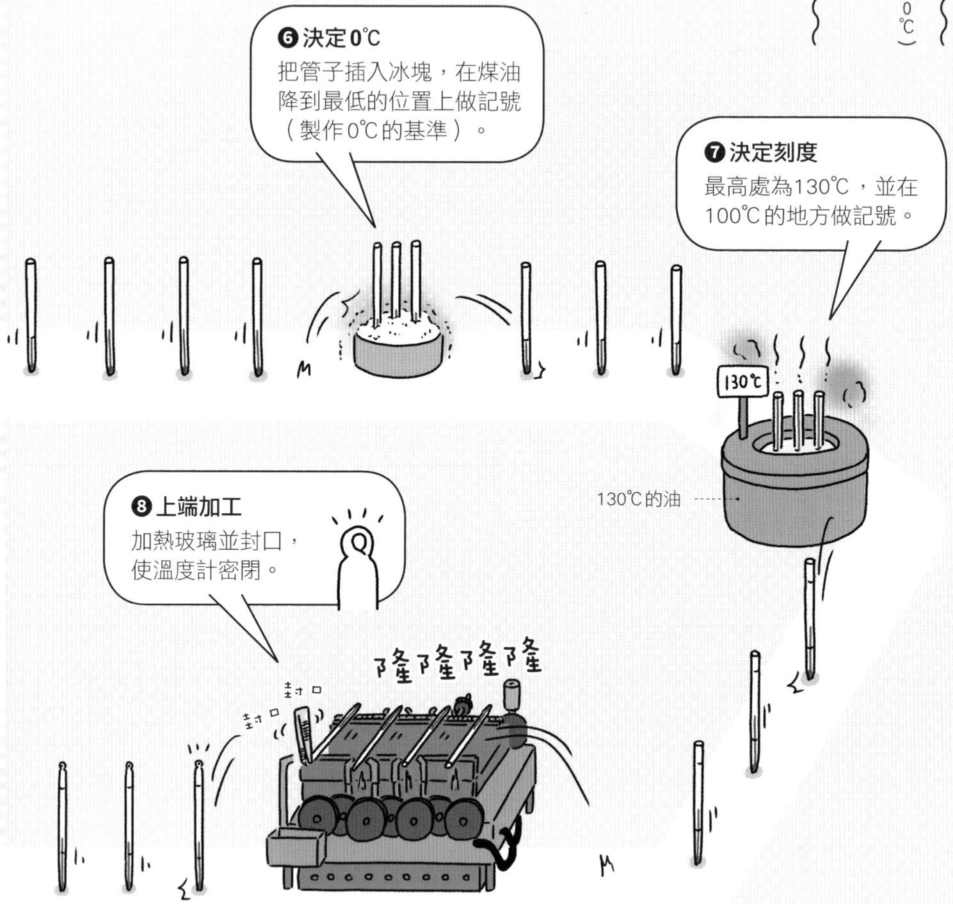
❻決定0℃
把管子插入冰塊，在煤油降到最低的位置上做記號（製作0℃的基準）。
❼決定刻度
最高處為130℃，並在100℃的地方做記號。
130℃
130℃的油
❽上端加工
加熱玻璃並封口，使溫度計密閉。
隆隆隆隆
封口
封口

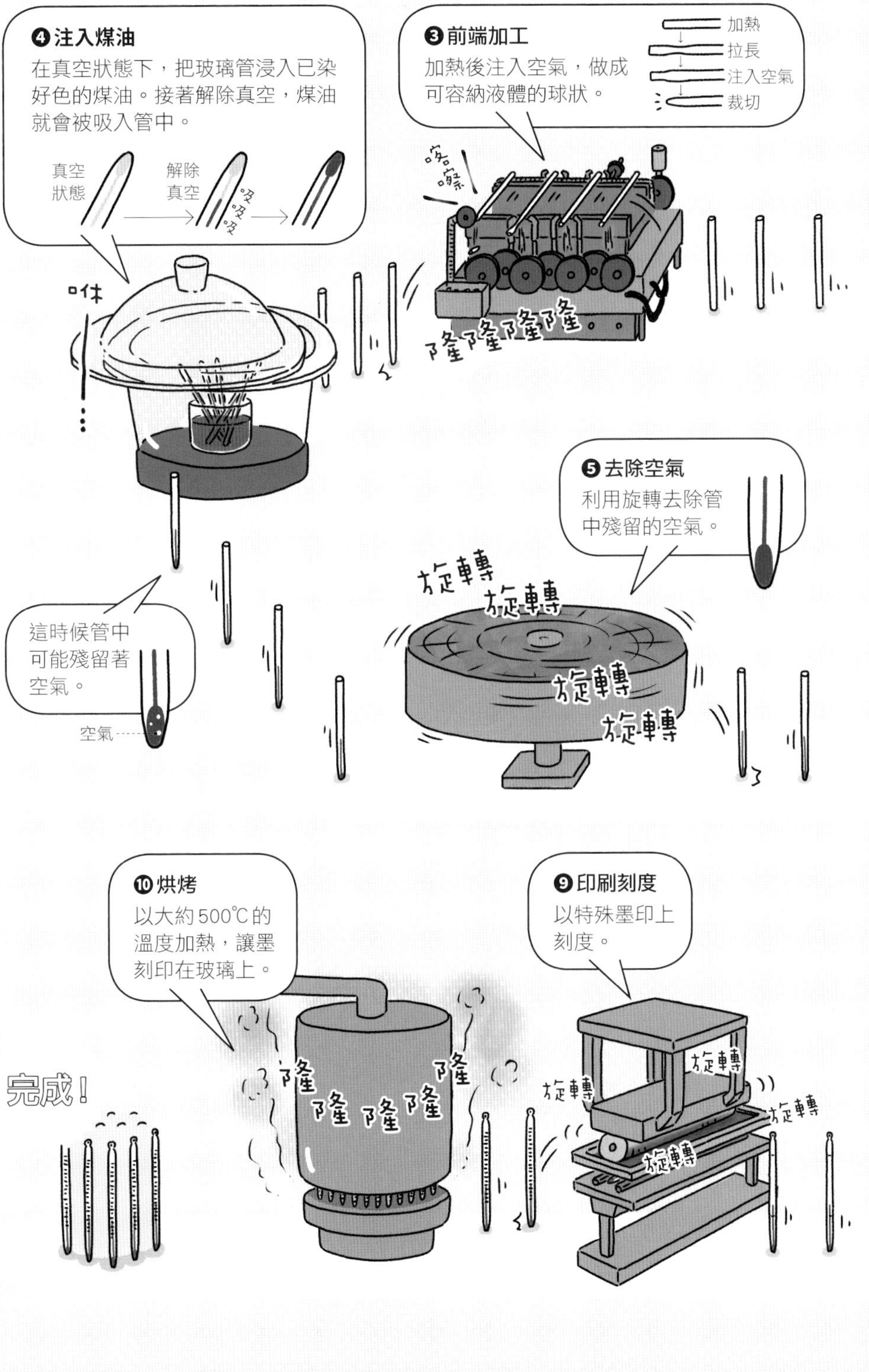
❸前端加工
加熱後注入空氣，做成可容納液體的球狀。
加熱
拉長
注入空氣
裁切
喀嚓
隆隆隆隆
❹注入煤油
在真空狀態下，把玻璃管浸入已染好色的煤油。接著解除真空，煤油就會被吸入管中。
真空狀態
解除真空
吸吸吸
咻
這時候管中可能殘留著空氣。
空氣
❺去除空氣
利用旋轉去除管中殘留的空氣。
旋轉
旋轉
旋轉
旋轉
❾印刷刻度
以特殊墨印上刻度。
旋轉
旋轉
旋轉
旋轉
❿烘烤
以大約500℃的溫度加熱，讓墨刻印在玻璃上。
隆
隆
隆
隆
完成！

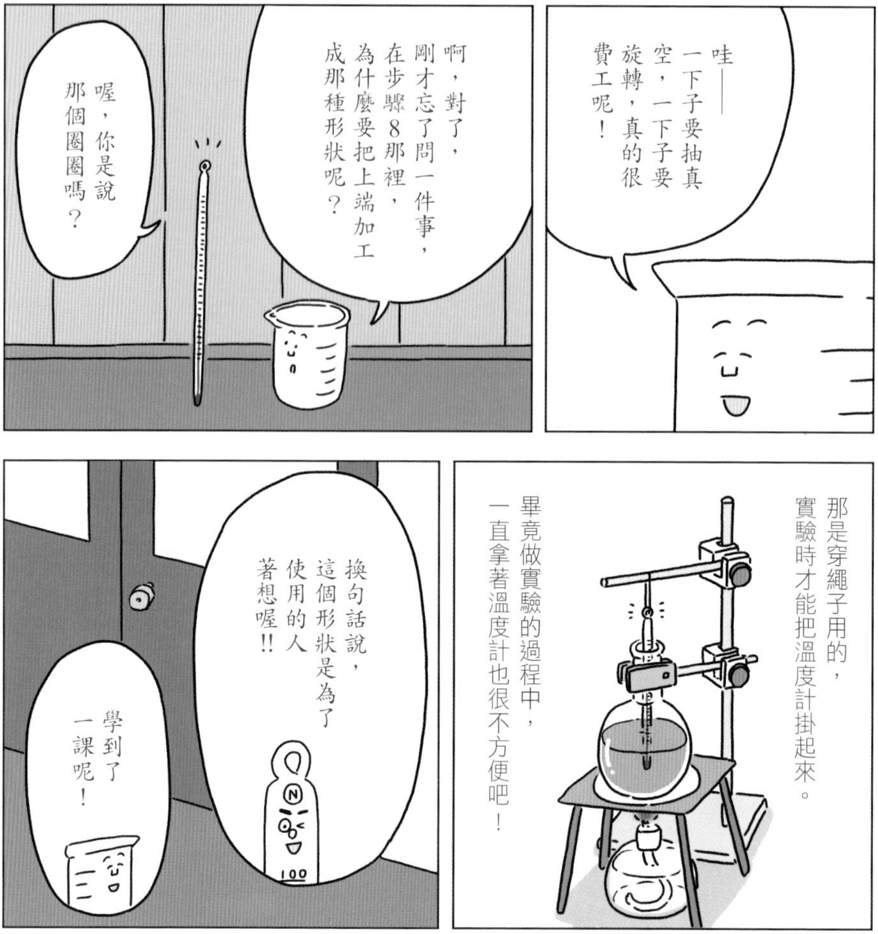
哇——一下子要抽真空，一下子要旋轉，真的很費工呢！
啊，對了，剛才忘了問一件事，在步驟8那裡，為什麼要把上端加工成那種形狀呢？
喔，你是說那個圈圈嗎？
那是穿繩子用的，實驗時才能把溫度計掛起來。
畢竟做實驗的過程中，一直拿著溫度計也很不方便吧！
換句話說，這個形狀是為了使用的人著想喔!!
學到了一課呢！

採訪後記

中村溫度計製作所每年大約可生產多達四萬根的溫度計，而且每一根都需要手工製作，實在令人驚訝。附帶一提，在製造流程10中，溫度計底部鋪了乾冰，這麼一來，在500℃的高溫下烘烤才不會破掉。溫度計的製造流程，可說是濃縮了各式各樣的智慧與巧思呢！

燒杯君備忘錄

▼**聽說只有中村溫度計製作所，仍以手工方式製作每一根玻棒式溫度計呢！**

輕輕鬆鬆四格漫畫

燒杯君和他的夥伴

玻棒式溫度計上端的圈圈，是為了方便使用而設計的呢！
這樣啊～
實驗室裡，還有其他有圈圈的器材嗎？
嗯，把手也算嗎……
好像沒有
喂！
我們都有圈圈喔！
啊!!清洗刷君們也有圈圈!!
大家好，我是乾燥器君。
大家知道該怎麼使用我嗎？
只要接上真空幫浦，就能把我的裡面抽成真空喔。
真空幫浦
咻嗚
你們看，很方便吧！
……我為什麼要做這個說明？
因為我在第33頁明明有出場，卻沒有介紹我的名字。
只好自己跳出來介紹了。

有出場就該滿足了～
漏斗架君
研缽君和杵君
嗯
嗯
雙叉試管大哥
喂！老朽也有喔～
彈簧秤長老

第5話 前往pH計的故鄉

採訪地點／**堀場製作所股份有限公司**
採訪日期／2019年1月

分析及測量儀器廠商，產品主要使用於研究開發與品質管理。是全球知名的企業，生產的汽車排氣檢測裝置在全球擁有80%※的市占率。

※2021年HORIBA調查

HORIBA
我來請教有關pH計的各種事情。
歡迎歡迎！
pH計君和電極君

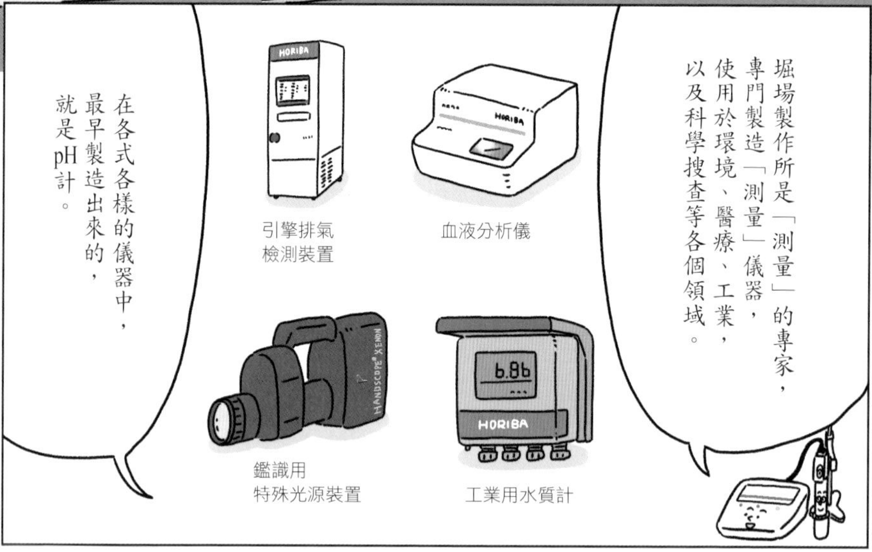
堀場製作所是「測量」的專家，專門製造「測量」儀器，使用於環境、醫療、工業，以及科學搜查等各個領域。
引擎排氣檢測裝置
血液分析儀
鑑識用特殊光源裝置
工業用水質計
在各式各樣的儀器中，最早製造出來的，就是pH計。

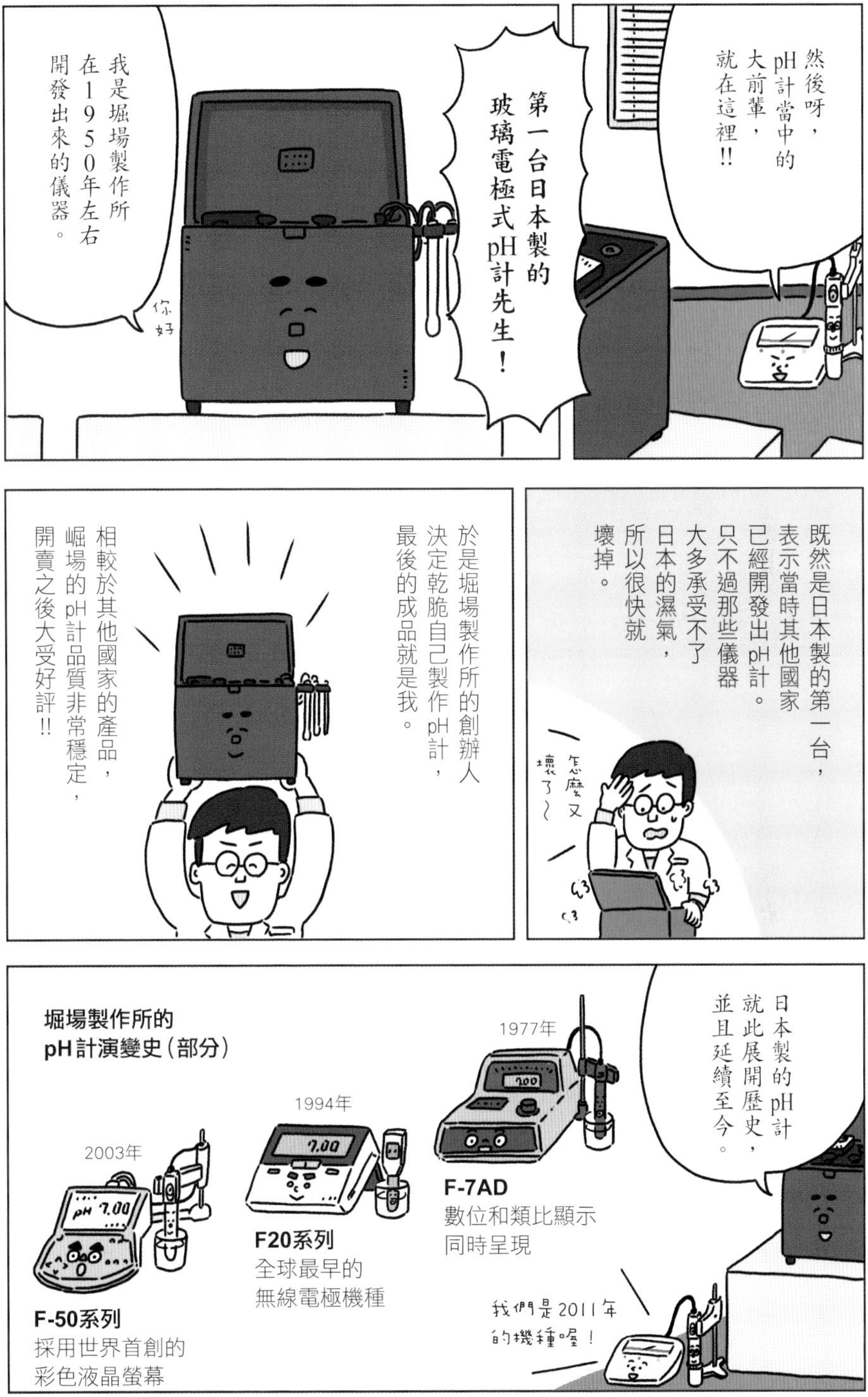
然後呀，pH計當中的大前輩，就在這裡!!
第一台日本製的玻璃電極式pH計先生！
我是堀場製作所在1950年左右開發出來的儀器。
你好
既然是日本製的第一台，表示當時其他國家已經開發出pH計。只不過那些儀器大多承受不了日本的濕氣，所以很快就壞掉。
怎麼又壞了～
於是堀場製作所的創辦人決定乾脆自己製作pH計，最後的成品就是我。
相較於其他國家的產品，崛場的pH計品質非常穩定，開賣之後大受好評!!
日本製的pH計就此展開歷史，並且延續至今。
堀場製作所的pH計演變史（部分）
1977年
F-7AD
數位和類比顯示同時呈現
1994年
F20系列
全球最早的無線電極機種
2003年
F-50系列
採用世界首創的彩色液晶螢幕
我們是2011年的機種喔！

靠自己把pH計做出來，真是太厲害了！
哈哈哈，能成為堀場製作所最早的產品，我也很開心！

那麼，接下來輪到我們了。
就讓我們來告訴你如何測量pH值吧！……在這之前，先來介紹pH的基礎知識。

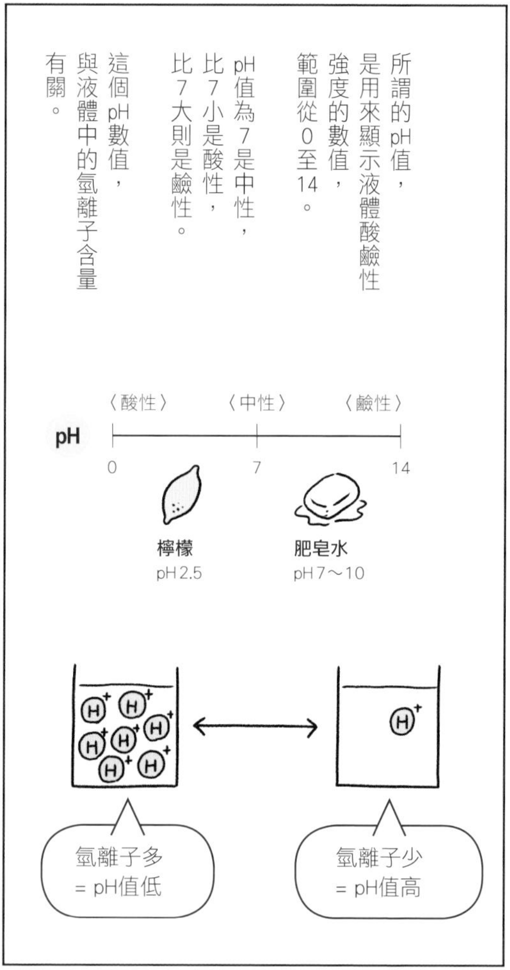
所謂的pH值，是用來顯示液體酸鹼性強度的數值，範圍從0至14。pH值為7是中性，比7小是酸性，比7大則是鹼性。這個pH數值，與液體中的氫離子含量有關。
〈酸性〉
〈中性〉
〈鹼性〉
pH
0
7
14
檸檬
pH2.5
肥皂水
pH7～10
氫離子多
= pH值低
氫離子少
= pH值高

附帶一提，測量pH值的工具除了我們之外，還有pH廣用試紙。
pH計
將電極前端插入液體當中，再按下測量按鈕。連微小的數值都能測得出來。
pH廣用試紙
利用顏色的變化判斷pH值。雖然方便，但無法測出數值。
嗯
嗯

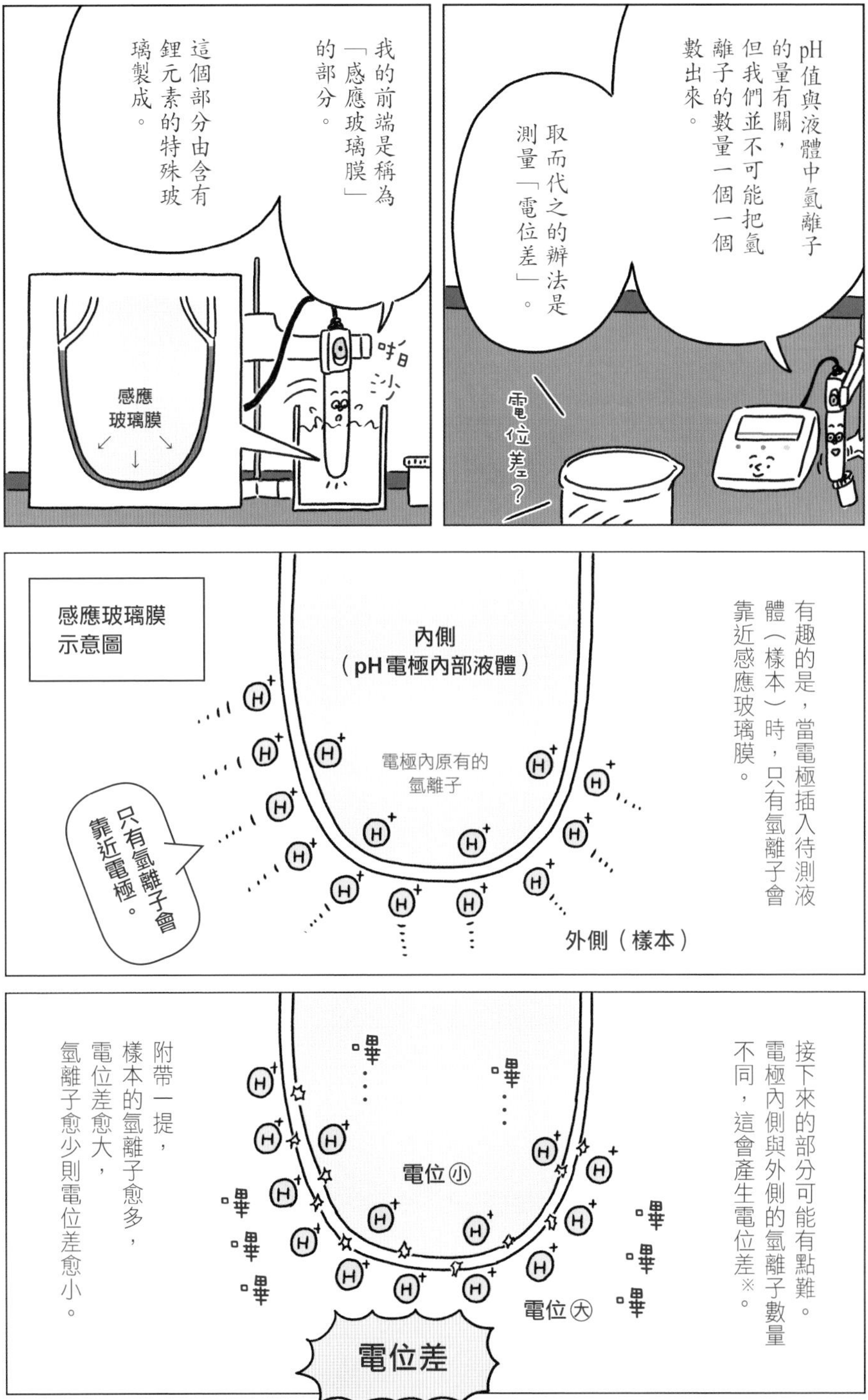
pH值與液體中氫離子的量有關，但我們並不可能把氫離子的數量一個一個數出來。
取而代之的辦法是測量「電位差」。
電位差？
我的前端是稱為「感應玻璃膜」的部分。
這個部分由含有鋰元素的特殊玻璃製成。
啪沙
感應玻璃膜
有趣的是，當電極插入待測液體（樣本）時，只有氫離子會靠近感應玻璃膜。
感應玻璃膜示意圖
內側（pH電極內部液體）
電極內原有的氫離子
外側（樣本）
只有氫離子會靠近電極。
接下來的部分可能有點難。電極內側與外側的氫離子數量不同，這會產生電位差※。
附帶一提，樣本的氫離子愈多，電位差愈大，氫離子愈少則電位差愈小。
嗶
電位㊤小
電位㊤大
電位差

※電位差：即電壓，為驅動電流流通的能量。

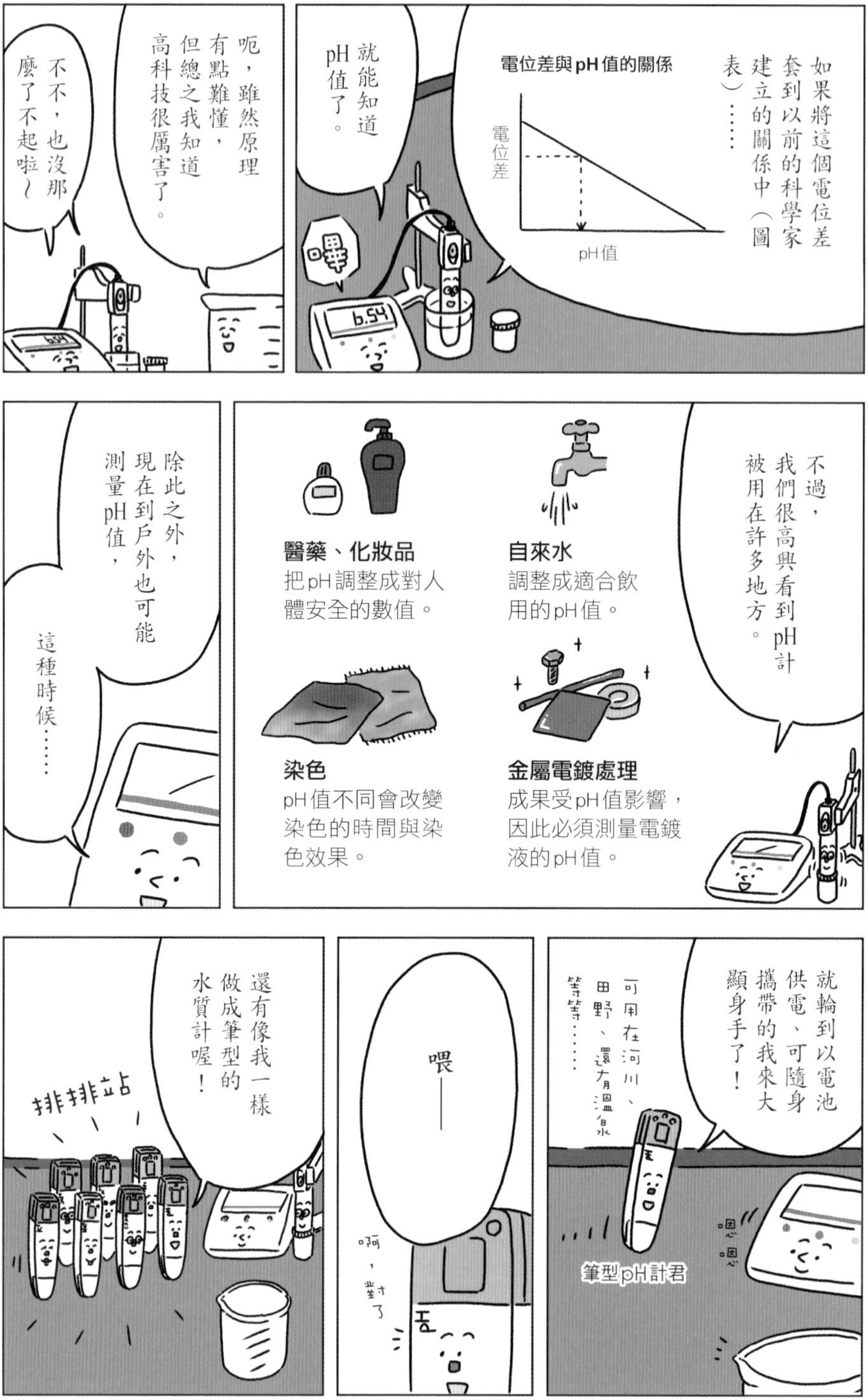
如果將這個電位差套到以前的科學家建立的關係中（圖表）……
電位差與pH值的關係
電位差
pH值
嗶
就能知道pH值了。
呃，雖然原理有點難懂，但總之我知道高科技很厲害了。
不不，也沒那麼了不起啦～
不過，我們很高興看到pH計被用在許多地方。
自來水
調整成適合飲用的pH值。
醫藥、化妝品
把pH調整成對人體安全的數值。
金屬電鍍處理
成果受pH值影響，因此必須測量電鍍液的pH值。
染色
pH值不同會改變染色的時間與染色效果。
除此之外，現在到戶外也可能測量pH值，
這種時候……
就輪到以電池供電、可隨身攜帶的我來大顯身手了！
可用在河川、田野、還有溫泉水等等……
筆型pH計君
嗯嗯
喂——
啊，對了
還有像我一樣做成筆型的水質計喔！
排排站

筆型系列

水質計的種類與使用場合

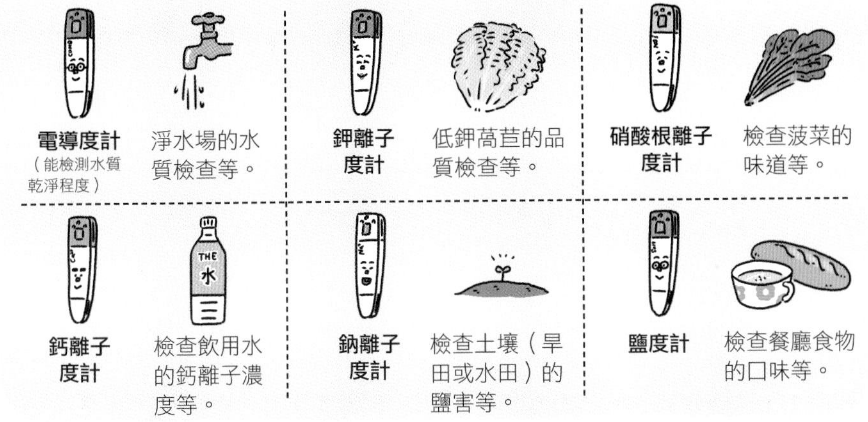
電導度計
（能檢測水質乾淨程度）
淨水場的水質檢查等。
鉀離子度計
低鉀萵苣的品質檢查等。
硝酸根離子度計
檢查菠菜的味道等。
THE 水
鈣離子度計
檢查飲用水的鈣離子濃度等。
鈉離子度計
檢查土壤（旱田或水田）的鹽害等。
鹽度計
檢查餐廳食物的口味等。

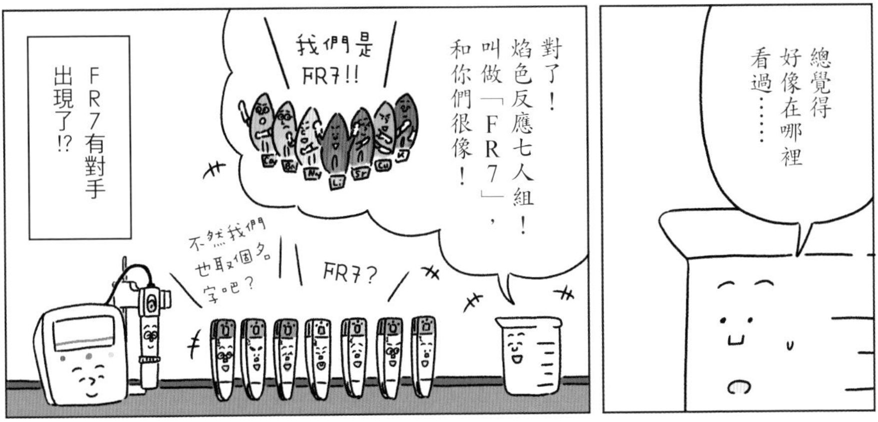
總覺得好像在哪裡看過……
對了！焰色反應七人組！叫做「FR7」，和你們很像！
我們是FR7!!
FR7有對手出現了!?
不然我們也取個名字吧？
FR7？

採訪後記

pH值的範圍雖然看起來不大，只有0至14，但pH 0與pH 14的氫離子濃度範圍卻差了100兆倍。幾乎沒有其他儀器能像這樣，只靠一個感測器就可測量這麼廣的範圍，pH電極真的很厲害。而且pH電極至今仍得依靠許多師傅的專業才能製造出來，這種製造技術也很了不起!!

燒杯君備忘錄

▼**pH計的電極有很多種，譬如微量樣本用的，或是高黏性樣本用的等等。**

COLUMN 1

玻璃器材就像藝術品

文／山村紳一郎

玻璃製實驗器材最厲害的特性，在於能夠看到裡面。「廢話，既然是玻璃製，這不是理所當然嗎？」

等等，在說出這句話之前，請先想像一下不透明的燒杯與試管。不要說溶液的顏色了，沸騰之類的狀態也看不見，就連該裝多少溶液都不知道！我的手很笨拙，大概會因為裝太多而滿出來吧？這讓我深切覺得，玻璃透明的特性無論是對實驗而言，還是對科學的發展而言，都是非常重要且了不起的事。

玻璃另一個厲害的特點，是加熱之後會變軟，能夠加工。聽說「擅長」製造實驗器材，在以前是成為優秀化學家的必要條件。曾經有個少年，未經允許就借用實驗室的玻璃棒，試著用噴槍加熱，將玻璃棒彎曲（不、不是我……汗）。結果玻璃棒竟然出乎意料的輕易就彎成了漂亮的形狀！少年得意忘形，接下來竟然想要挑戰彎曲玻璃管……彎曲是彎曲了，但彎曲的部分卻變軟塌陷，導致玻璃管閉塞（堵住）。這麼一來，當然氣體與液體都無法通過，玻璃管也就無法使用了，只有L形的玻璃垃圾大量增加。後來聽說（不，是那位少年聽說……），要將加熱的部位稍微擴張，再慢慢施力比較好。不過，能把硬邦邦的玻璃變得和麥芽糖一樣軟，彎曲成自己想要的形狀（雖然少年彎成的形狀是他不想要的）非常有趣。希望大家都能在小心不要燙傷的情況下挑戰看看。

據說日本是從江戶時代的後期※開始製造玻璃實驗器材，幕末賢者之一佐久間象山對此相當投入。他將這項技術傳授給玻璃工匠加賀屋久兵衛——工藝玻璃「江戶切子」技法的開發者，於是加賀屋開始製造、販賣日本最早的理化玻璃器材。

我曾在很久以前拜訪過在第3話登場的桐山製作所。師傅們出色的技術自然不在話下，器材之外的玻璃藝術品也讓我看得入迷。優美的江戶切子與燒杯君之間，似乎存有某種藝術方面的連結……玻璃器材的設計之所以吸引我，或許正是因為這個緣故。

※譯注：大約19世紀

CHAPTER 2

前往實驗器材的故鄉
（金屬）

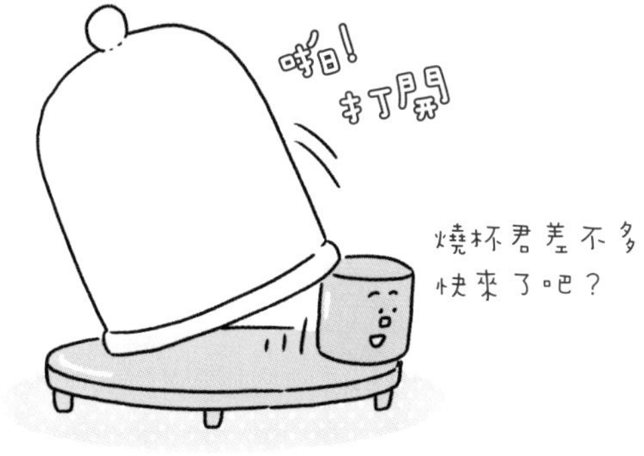

KFI
幸和鑷子
第6話
鑷子誕生的地方
燒杯君，歡迎你來。
你好～
採訪地點／幸和鑷子工業股份有限公司
採訪日期／2017年3月
專門製造鑷子的老牌廠商。製造並販賣各種領域的鑷子，如實驗、醫療、工業用，及專門為嗜好設計的產品等。品質優良，在國際上也獲得極高的評價。
鑷子先生
我先問問你，你覺得這裡製造的鑷子有多少種類呢？
嗯，差不多20種嗎？
不不，要多出更多，總共有200種以上喔！我先介紹其中一小部分。
200種!?
牙科用
・因為容易操作，也能當作嗜好用鑷子使用。
牙齒要刷乾淨～
精密作業用
・尖端只有0.06mm。
・使用於大學與研究室。
精密的作業就交給我
醫療檢查用
・用來調查疾病的原因。
形狀能確實傳遞指尖的力道
耳鼻喉科用
・尖端很長，彎曲成獨特的形狀。
尖端很長～

其他比較特別的，還有法式料理師傅用來擺盤的鑷子……
也曾經有人特別來訂製巨大的鑷子，似乎是用來撿垃圾的。

咦～原來鑷子被用在各種地方呢！
沒錯。這裡製造的鑷子品質很好，評價也很高。
首先，這是因為幸和鑷子使用的材質和其他地方的不一樣。
材質？

我的製作材料是一種不鏽鋼※1，稱為「18-8不鏽鋼」。這種材質不太容易加工，但具有堅硬、不易生鏽等優點。

不鏽鋼的種類

18-8 不鏽鋼

幸和鑷子使用的材料。

我是電車

用途：鐵路車廂與化工廠等。
優點：堅硬而且不易生鏽。
缺點：不容易加工。

13 鉻不鏽鋼※2

一般鑷子使用的材料。

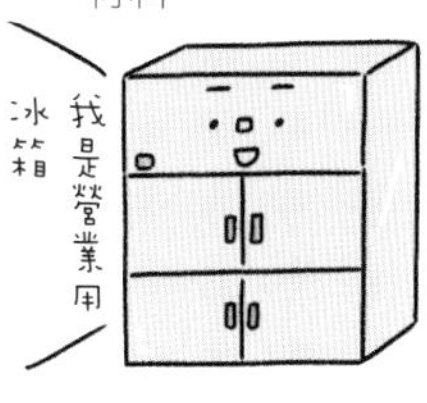
冰箱
我是營業用

用途：營業用廚房產品等。
優點：容易加工。
缺點：強度較差。

那麼接下來，就讓我介紹鑷子的製造現場吧！
製造室
好

※1 不鏽鋼：以鐵為主要成分、鉻含量為10.5％以上的合金。
※2 譯注：13 鉻不鏽鋼也稱 410 不鏽鋼。18-8 不鏽鋼也稱 304 不鏽鋼。

鑷子的製造流程

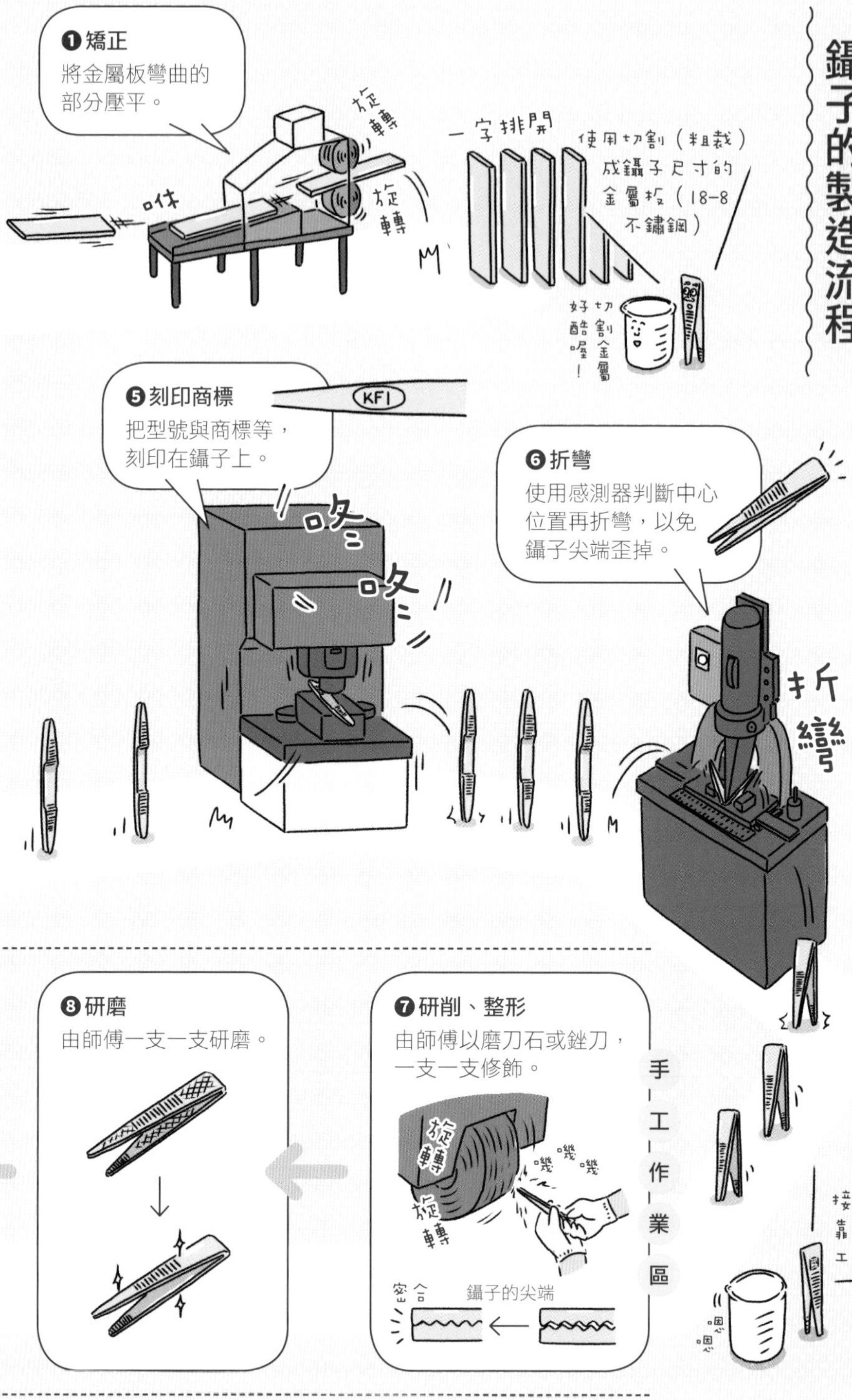
❶矯正
將金屬板彎曲的部分壓平。
旋轉
旋轉
咻
一字排開
使用切割（粗裁）成鑷子尺寸的金屬板（18-8不鏽鋼）
切割金屬好酷喔！
❺刻印商標
把型號與商標等，刻印在鑷子上。
KFI
咚
咚
❻折彎
使用感測器判斷中心位置再折彎，以免鑷子尖端歪掉。
折彎
❽研磨
由師傅一支一支研磨。
❼研削、整形
由師傅以磨刀石或銼刀，一支一支修飾。
旋轉
旋轉
嘰
嘰
嘰
密合
鑷子的尖端
手工作業區
接下來就靠師傅手工加工了
嗯
嗯

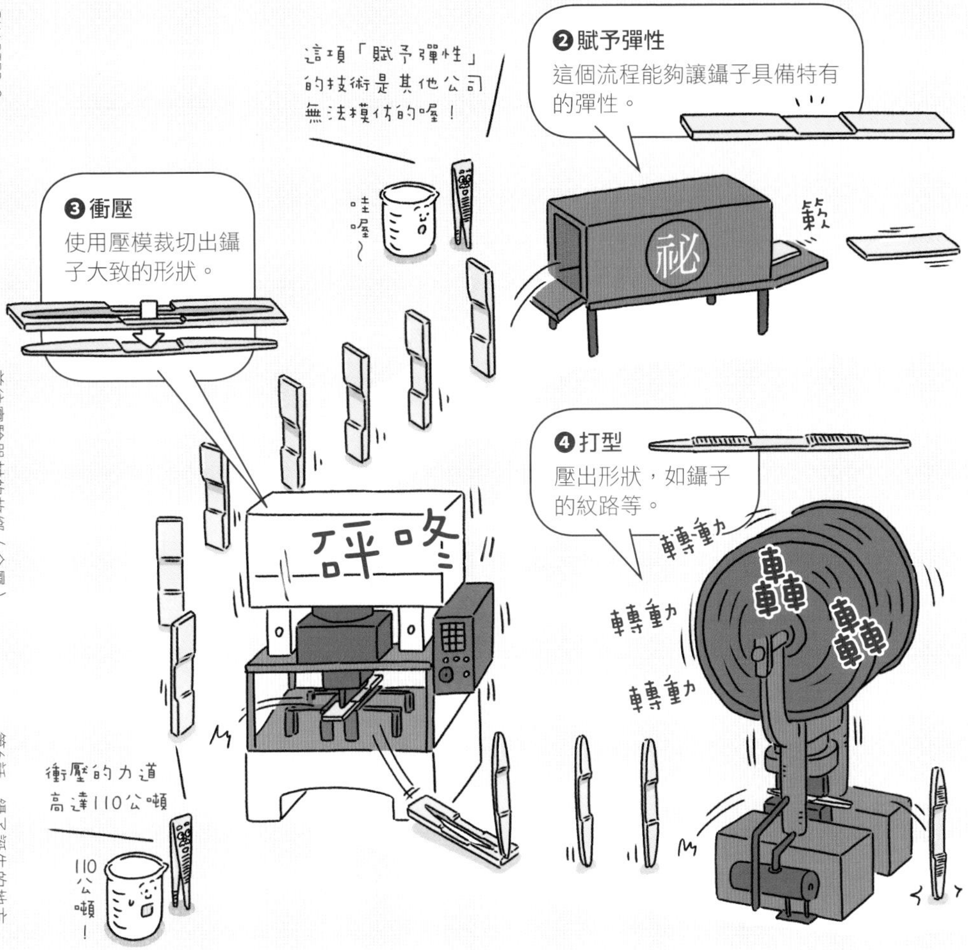
❷賦予彈性
這個流程能夠讓鑷子具備特有的彈性。
這項「賦予彈性」的技術是其他公司無法模仿的喔！
哇喔～
祕
鏘
❸衝壓
使用壓模裁切出鑷子大致的形狀。
砰咚
衝壓的力道高達110公噸
110公噸！
❹打型
壓出形狀，如鑷子的紋路等。
轉動
轟
轟
轉動
轉動

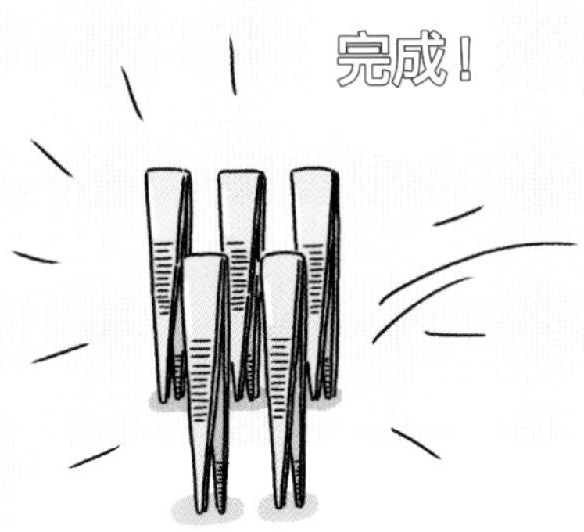
完成！

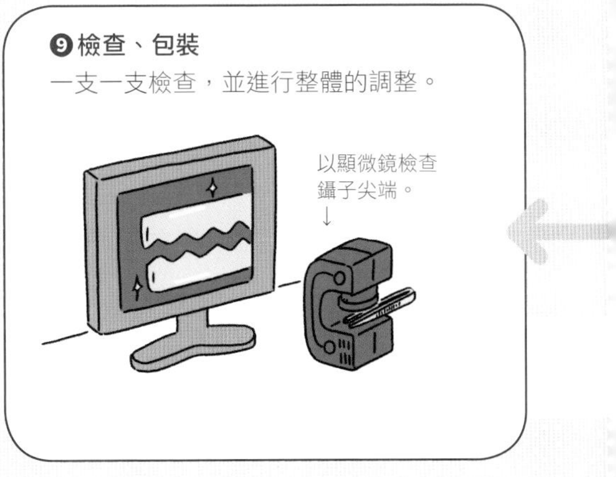
❾檢查、包裝
一支一支檢查，並進行整體的調整。
以顯微鏡檢查鑷子尖端。
↓

原來有這麼多道程序，真有趣呢！……咦？
背後的記號是什麼？
轉身
喔，這個啊，這是QR碼。
即使只有一支幸和鑷子，也可以委託修理。
只要透過這個QR碼，就能知道鑷子的修理次數等等的訊息。
好酷喔！我也想要有QR碼。
……但是，這個QR碼是用敲的敲進金屬表面的，你沒問題嗎？
鏘
鏘
劈哩
那，還是算了

採訪後記

鑷子看似簡單，其實有許多講究。除了必須「長時間不生鏽、不損壞」，還必須「尖端密合於一點」、「彈性要恰到好處」，以及「根據夾住的對象調整力道」等等。據說極品的鑷子使用起來，會「讓人不覺得在使用鑷子」。從鑷子裡可以感受到師傅們的製造精神。

燒杯君備忘錄

▼據說鑷子經過一再修理後，最後可改造成拔毛鑷子之類的小工具。

豆知識

種類繁多真有趣！

專用的鑷子

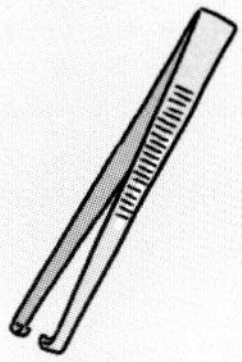

外科用

尖端經過特殊的加工，方便手術時用來夾住皮膚。

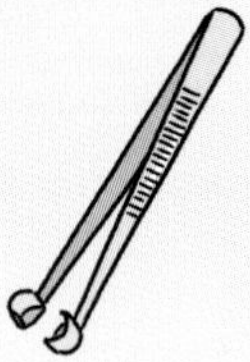

膠囊用

尖端加工成立體形狀，方便固定藥物或膠囊。

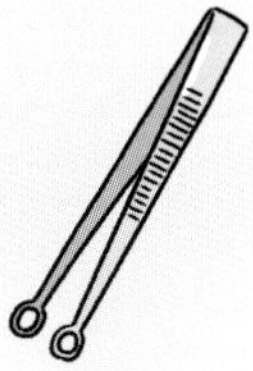

除疣用

尖端加工成環狀，能夠確實夾住疣。

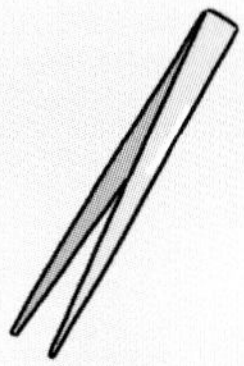

工藝用

需要的握力較輕，即使連續操作也不容易累。

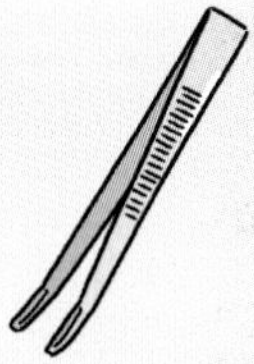

盆栽用

尖端像小刀一樣，夾住枝條後能一併切斷。

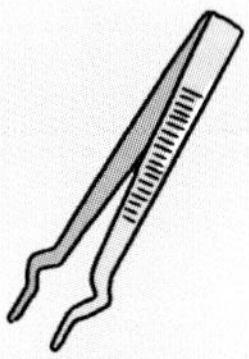

奶瓶用

尖端彎曲，方便夾取煮沸的奶瓶。

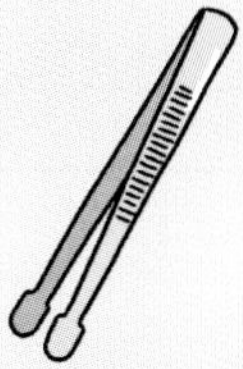

郵票用

尖端是圓形平面，以免夾取薄薄的郵票時造成破損。

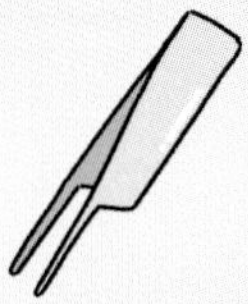

水蚤用

夾住時不容易施加力道，不會傷害水蚤的性命。

竟然還有
水蚤專用鑷子!?
真有趣!

採訪地點／**村上衡器製作所股份有限公司**
採訪日期／2017年10月

質量的專業廠商。製造天平與砝碼，供應日本國內及海外的學校、研究所、醫院實驗等使用。

第7話 上皿天平、砝碼誕生的地方

※直到2019年為止，1kg的定義都是「國際公斤原器的質量」，並依此校正天平，或製造標準質量的砝碼等。

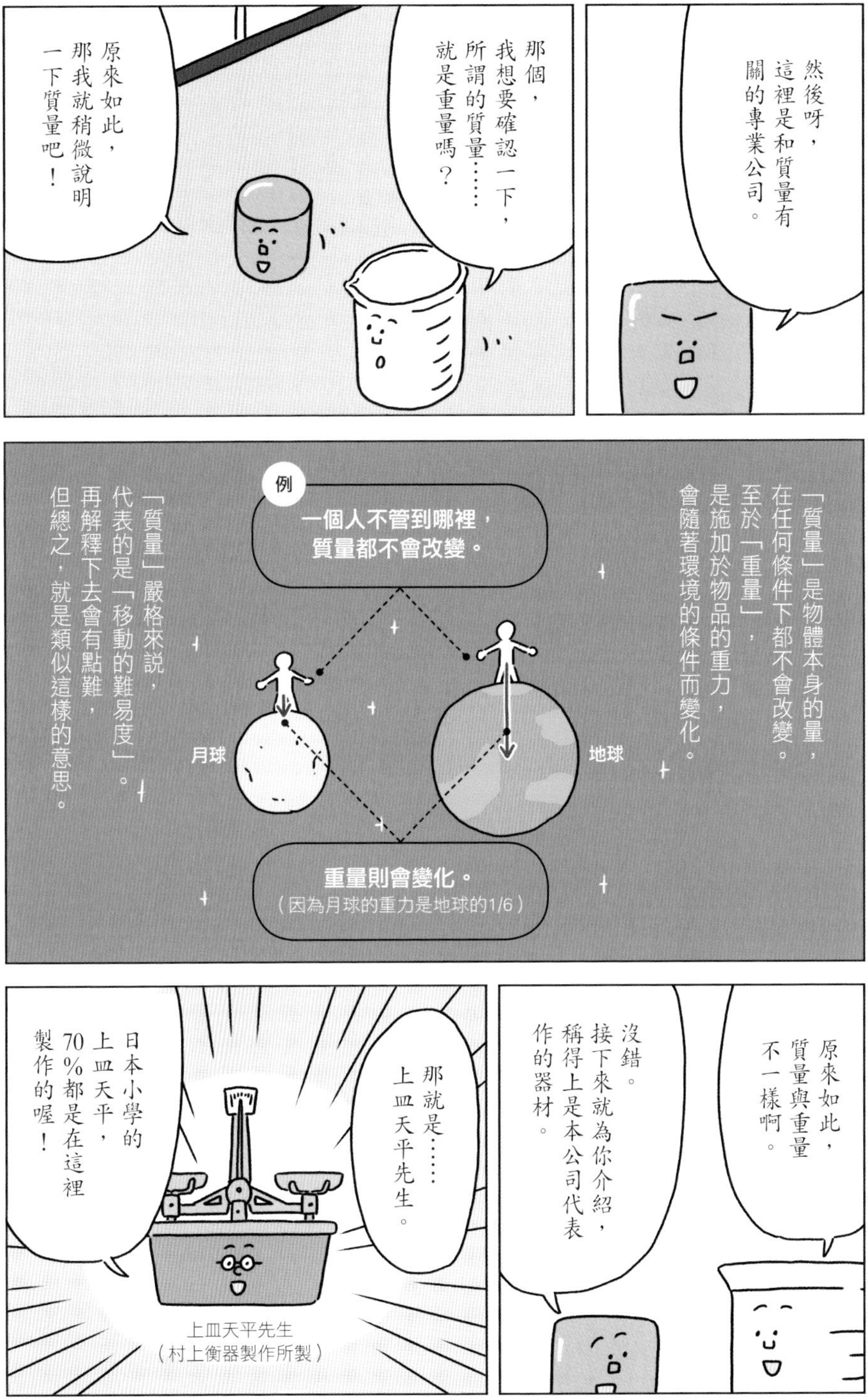
然後呀，這裡是和質量有關的專業公司。
那個，我想要確認一下，所謂的質量……就是重量嗎？
原來如此，那我就稍微說明一下質量吧！
「質量」是物體本身的量，在任何條件下都不會改變。至於「重量」，是施加於物品的重力，會隨著環境的條件而變化。
例
一個人不管到哪裡，質量都不會改變。
月球
地球
重量則會變化。
（因為月球的重力是地球的1/6）
「質量」嚴格來說，代表的是「移動的難易度」。再解釋下去會有點難，但總之，就是類似這樣的意思。
原來如此，質量與重量不一樣啊。
沒錯。接下來就為你介紹，稱得上是本公司代表作的器材。
那就是……上皿天平先生。
日本小學的上皿天平，70%都是在這裡製作的喔！
上皿天平先生
（村上衡器製作所製）

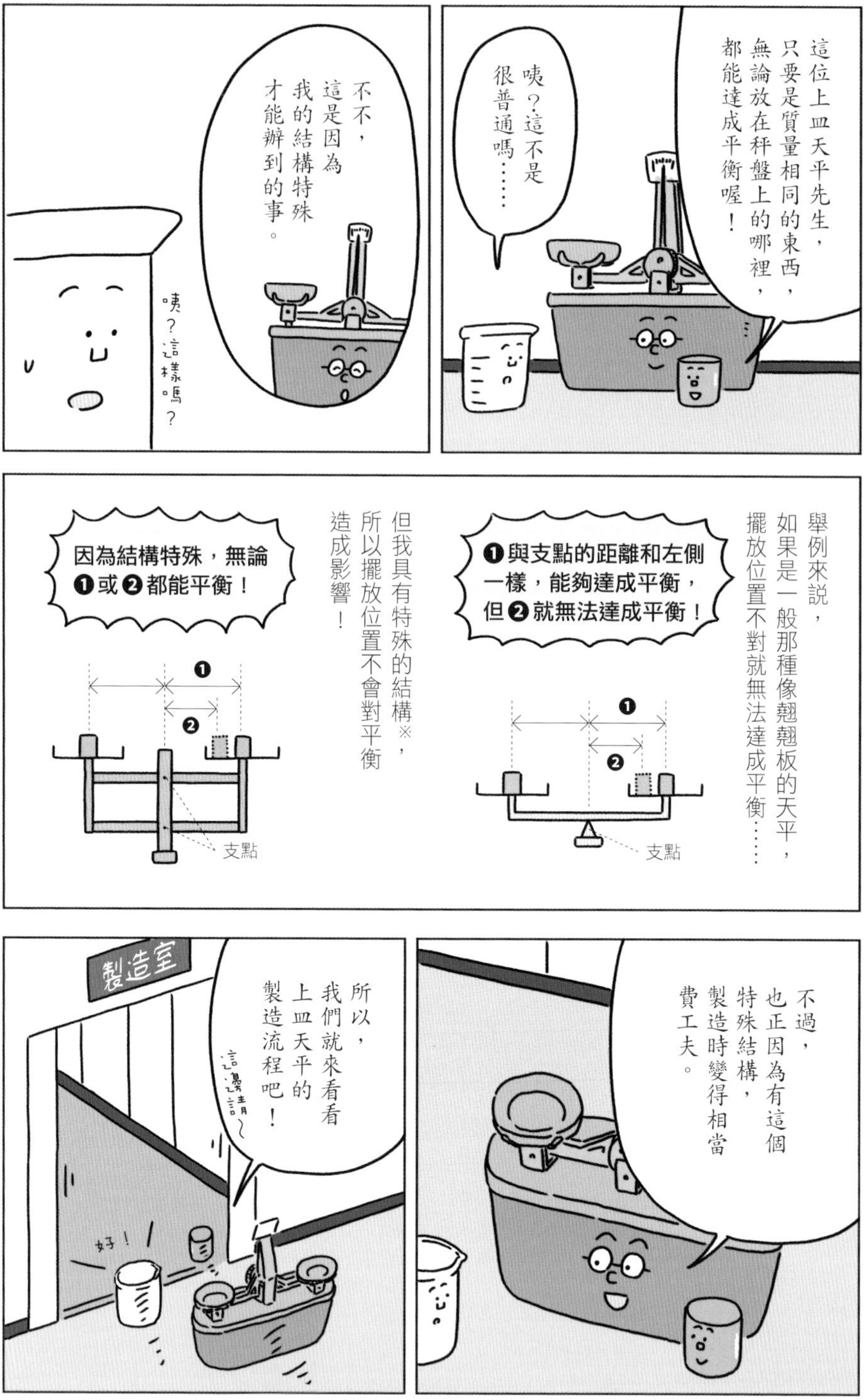
這位上皿天平先生，只要是質量相同的東西，無論放在秤盤上的哪裡，都能達成平衡喔！
咦？這不是很普通嗎……
不不，這是因為我的結構特殊才能辦到的事。
咦？這樣嗎？
舉例來說，如果是一般那種像翹翹板的天平，擺放位置不對就無法達成平衡……
❶與支點的距離和左側一樣，能夠達成平衡，但❷就無法達成平衡！
❶
❷
支點
但我具有特殊的結構※，所以擺放位置不會對平衡造成影響！
因為結構特殊，無論❶或❷都能平衡！
❶
❷
支點
不過，也正因為有這個特殊結構，製造時變得相當費工夫。
製造室
所以，我們就來看看上皿天平的製造流程吧！
這邊請～
好！

※稱為勞伯佛天平機構

上皿天平的製造流程

❶製造零件

有各種塑膠或金屬零件。

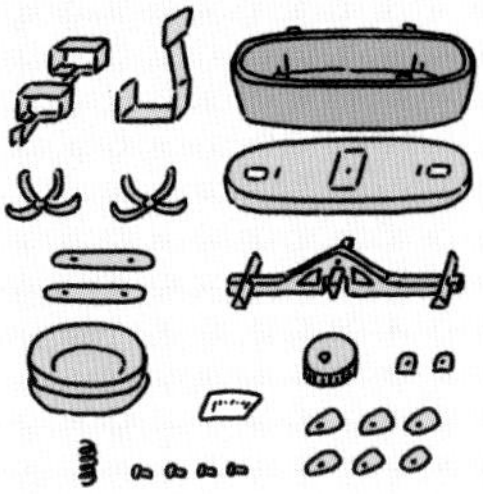

❷組裝

把大部分零件組裝起來。

重點

把中央零件削成左右對稱是非常重要的步驟！（製造零件時，左右可能並沒有完全對稱。）

【正面圖】

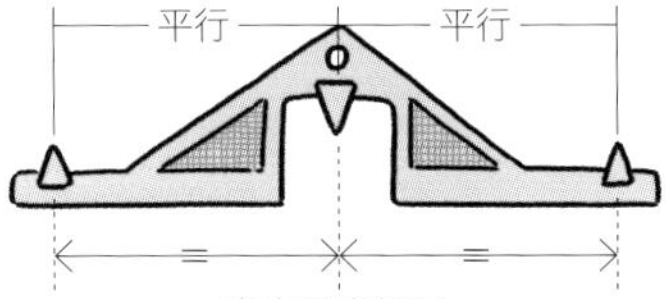
平行
平行
=
=
左右長度相同

真不愧是
專業技術

❸調整

觀察平衡狀況，調整角度與長度。

單單這個步驟，
就可能花上一個
小時呢！

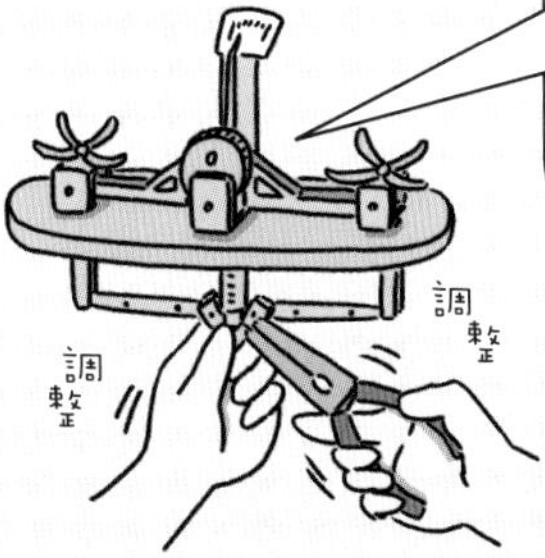
調整
調整

❹最後的修整

安裝好天平下面的部分後，使用微小的金屬球調整左右平衡。

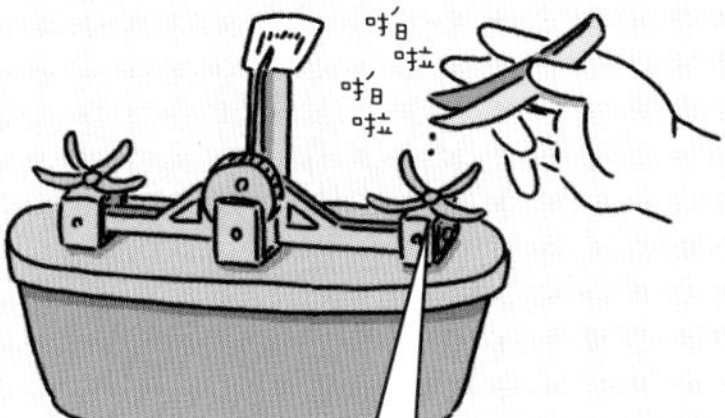
啪啦
啪啦

完成！

重點

擺放秤盤的位置底下，有個祕密空間。

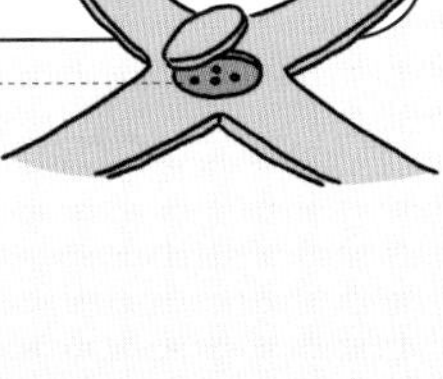
打開
約1.5mm
的金屬球

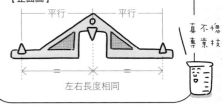

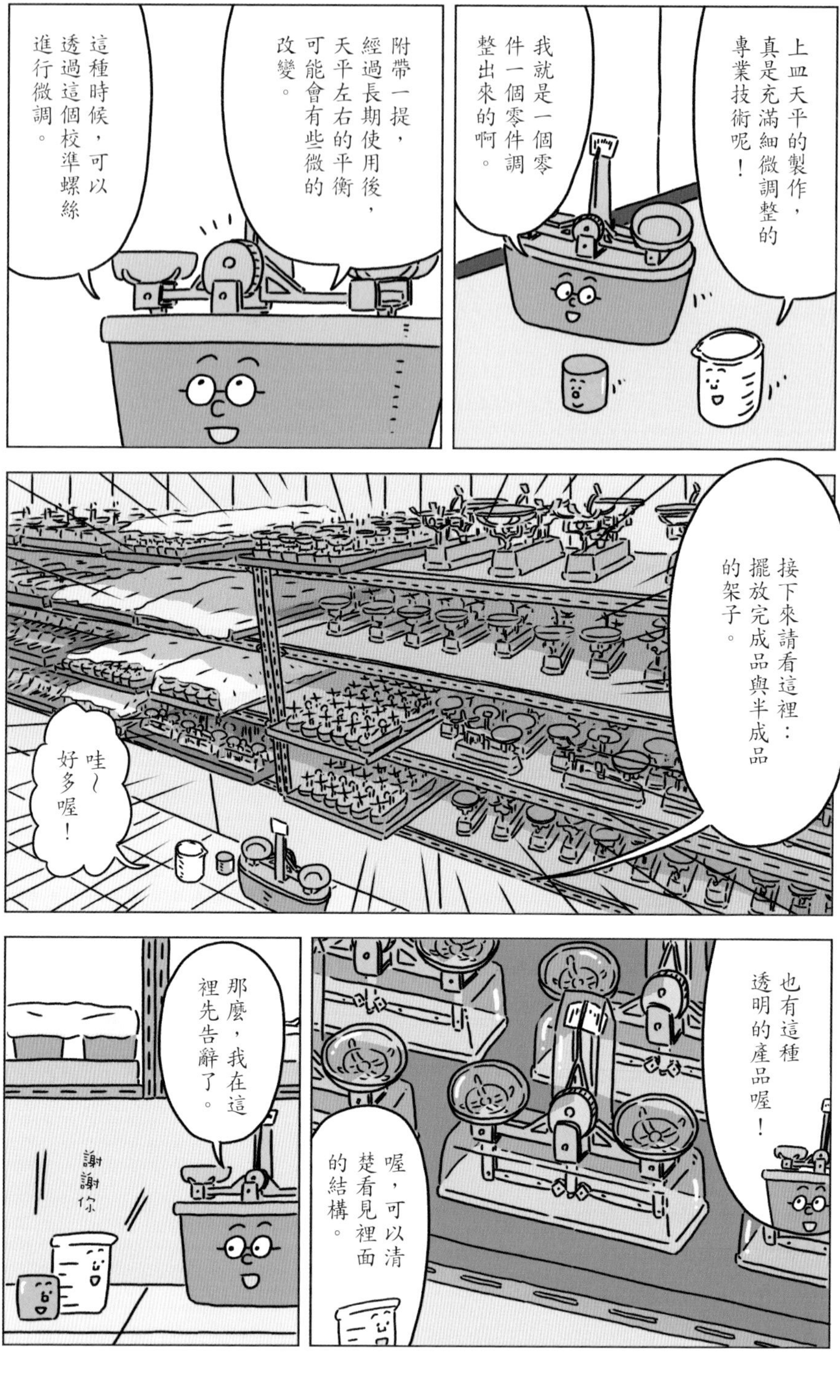
上皿天平的製作，真是充滿細微調整的專業技術呢！
我就是一個零件一個零件調整出來的啊。
附帶一提，經過長期使用後，天平左右的平衡可能會有些微的改變。
這種時候，可以透過這個校準螺絲進行微調。
接下來請看這裡：擺放完成品與半成品的架子。
哇～好多喔！
也有這種透明的產品喔！
喔，可以清楚看見裡面的結構。
那麼，我在這裡先告辭了。
謝謝你

接下來，請容我為你介紹與上皿天平頗有淵源的各種砝碼。
真期待～

校正用啊……我一直以為砝碼與上皿天平是一起使用的，看來也不一定呢！
沒錯，而且砝碼有許多種類。
各有各的特色喔！
前進
前進
前進
前進

砝碼

10g
2g

在檢查及測量時作為基準的金屬製重錘。

使用砝碼的場合

唰
唰

嗶

❶上皿天平用

利用上皿天平測量質量時，會使用到砝碼。

❷校正用

為了避免電子秤在測量時產生誤差，必須定期校正，而砝碼就是校正時的基準。

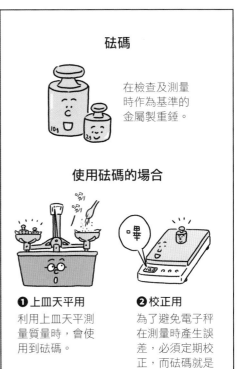

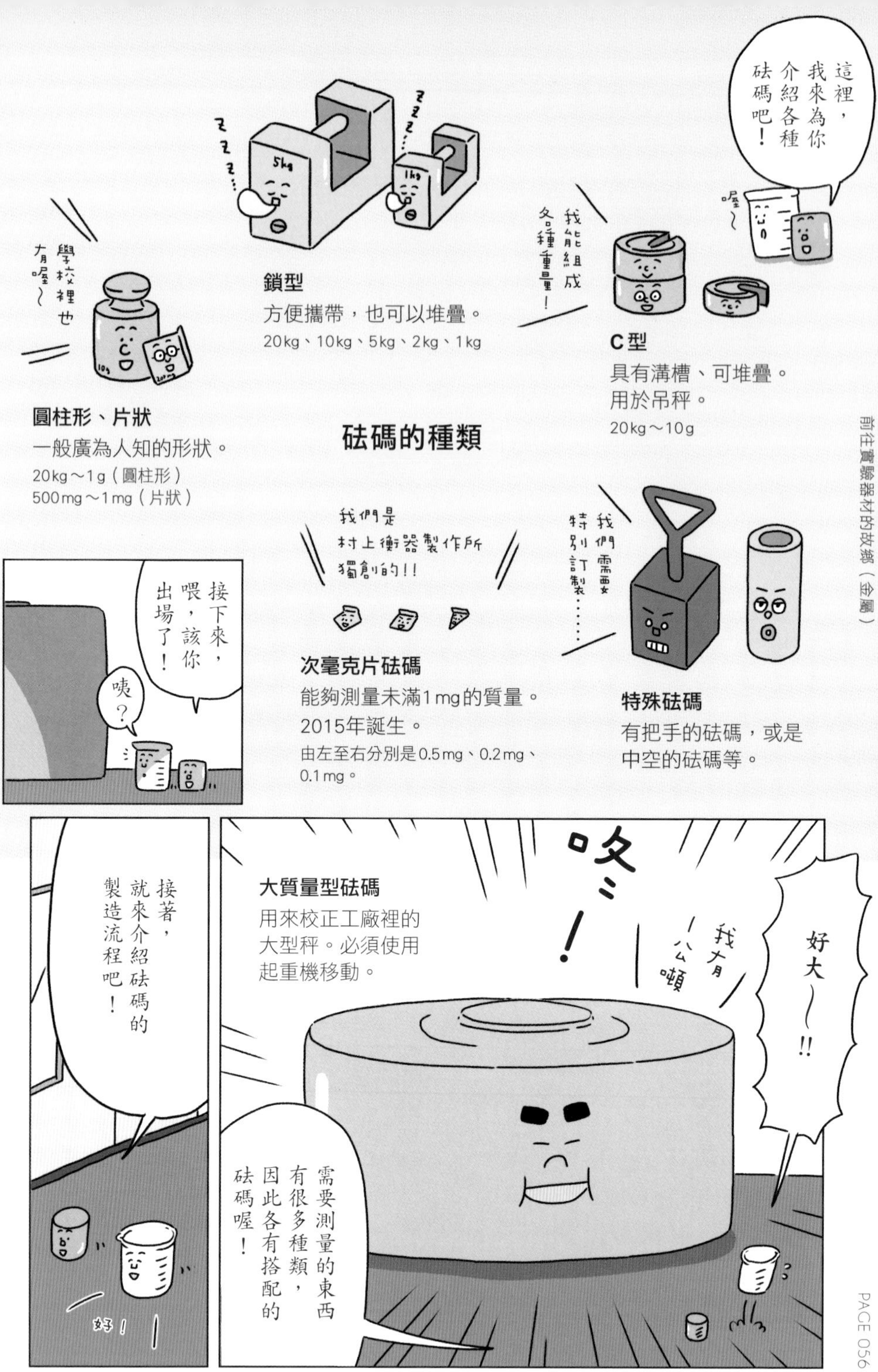
這裡，我來為你介紹各種砝碼吧！
喔～
砝碼的種類
學校裡也有喔～
圓柱形、片狀
一般廣為人知的形狀。
20kg～1g（圓柱形）
500mg～1mg（片狀）
5kg
1kg
鎖型
方便攜帶，也可以堆疊。
20kg、10kg、5kg、2kg、1kg
我能組成各種重量！
C型
具有溝槽、可堆疊。
用於吊秤。
20kg～10g
我們是村上衡器製作所獨創的!!
次毫克片砝碼
能夠測量未滿1mg的質量。
2015年誕生。
由左至右分別是0.5mg、0.2mg、0.1mg。
我們需要特別訂製……
特殊砝碼
有把手的砝碼，或是中空的砝碼等。
接下來，喂，該你出場了！
咦？
接著，就來介紹砝碼的製造流程吧！
好！
咚！
大質量型砝碼
用來校正工廠裡的大型秤。必須使用起重機移動。
我有1公噸
好大～～!!
需要測量的東西有很多種類，因此各有搭配的砝碼喔！

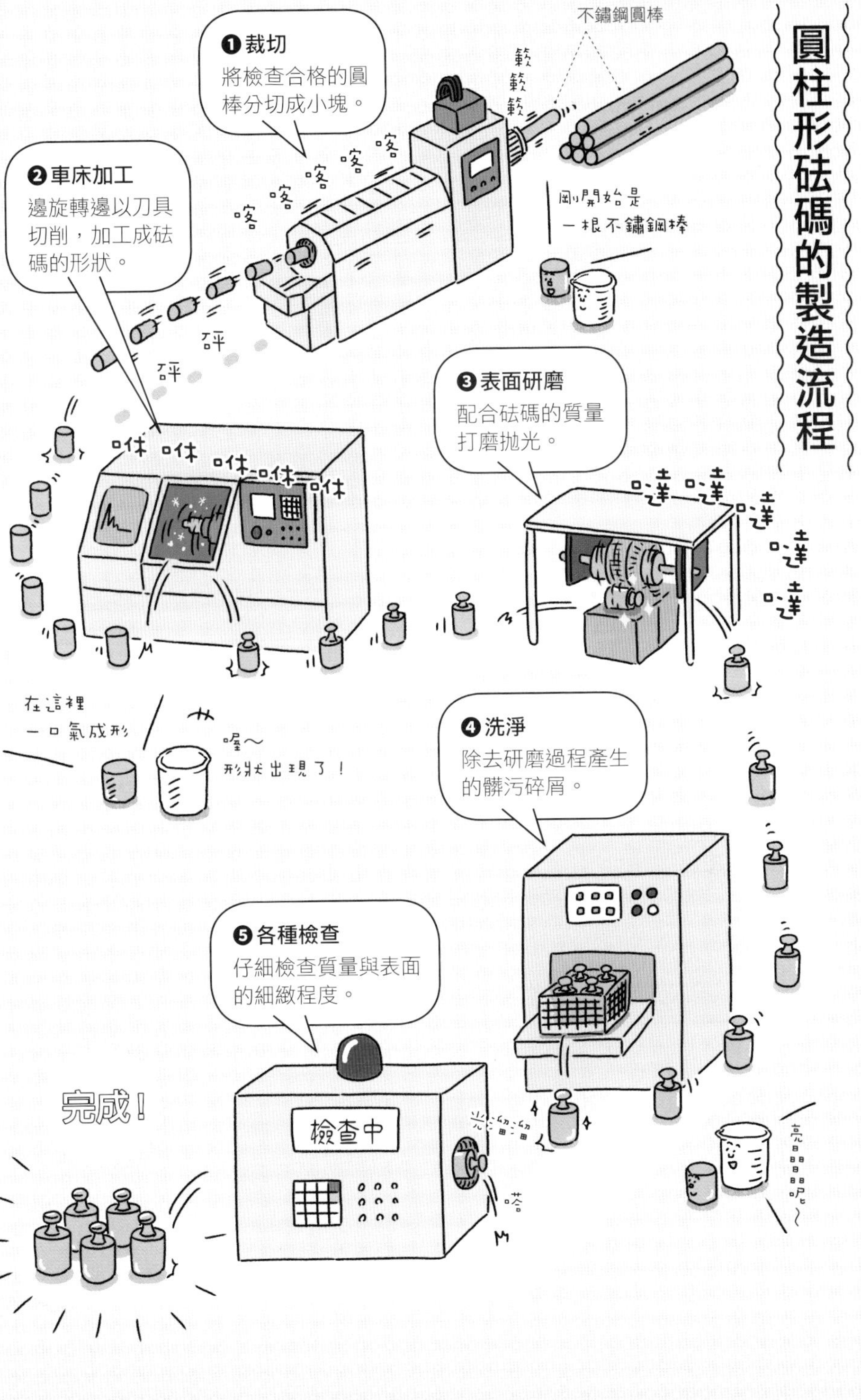
圓柱形砝碼的製造流程
不鏽鋼圓棒
剛開始是一根不鏽鋼棒
❶裁切
將檢查合格的圓棒分切成小塊。
喀
喀
喀
喀
喀
砰
砰
❷車床加工
邊旋轉邊以刀具切削，加工成砝碼的形狀。
咻
咻
咻
咻
咻
在這裡一口氣成形
喔～形狀出現了！
❸表面研磨
配合砝碼的質量打磨拋光。
噠
噠
噠
噠
噠
❹洗淨
除去研磨過程產生的髒污碎屑。
❺各種檢查
仔細檢查質量與表面的細緻程度。
檢查中
嗒
完成！
亮晶晶呢～

最後會一個一個檢查吧？
是這樣沒錯。
更進一步來說，雖然剛才在流程中沒有介紹，
但製造過程中，其實也會不斷的一個一個檢查質量喔！
不過，就算製造過程這麼仔細，如果砝碼損傷或是生鏽，質量還是會改變。
所以要麻煩大家，使用砝碼時，務必要小心謹慎～
拜託大家了～
5kg
1kg

採訪後記

漫畫裡雖然沒有介紹，但村上衡器製作所也提供校正服務（檢查大學或工廠等地的天平或砝碼的精確度）。必須測定質量的實驗或品質管理，可說是靠著這項校正服務支撐也不為過。我想創業至今、歷史超過１１０年的村上衡器製作所，稱得上是「質量」領域的守門員。

燒杯君備忘錄

▼真希望有一天，能有機會看看大質量型砝碼先生的實際使用狀況。

輕輕鬆鬆四格漫畫

燒杯君和他的夥伴

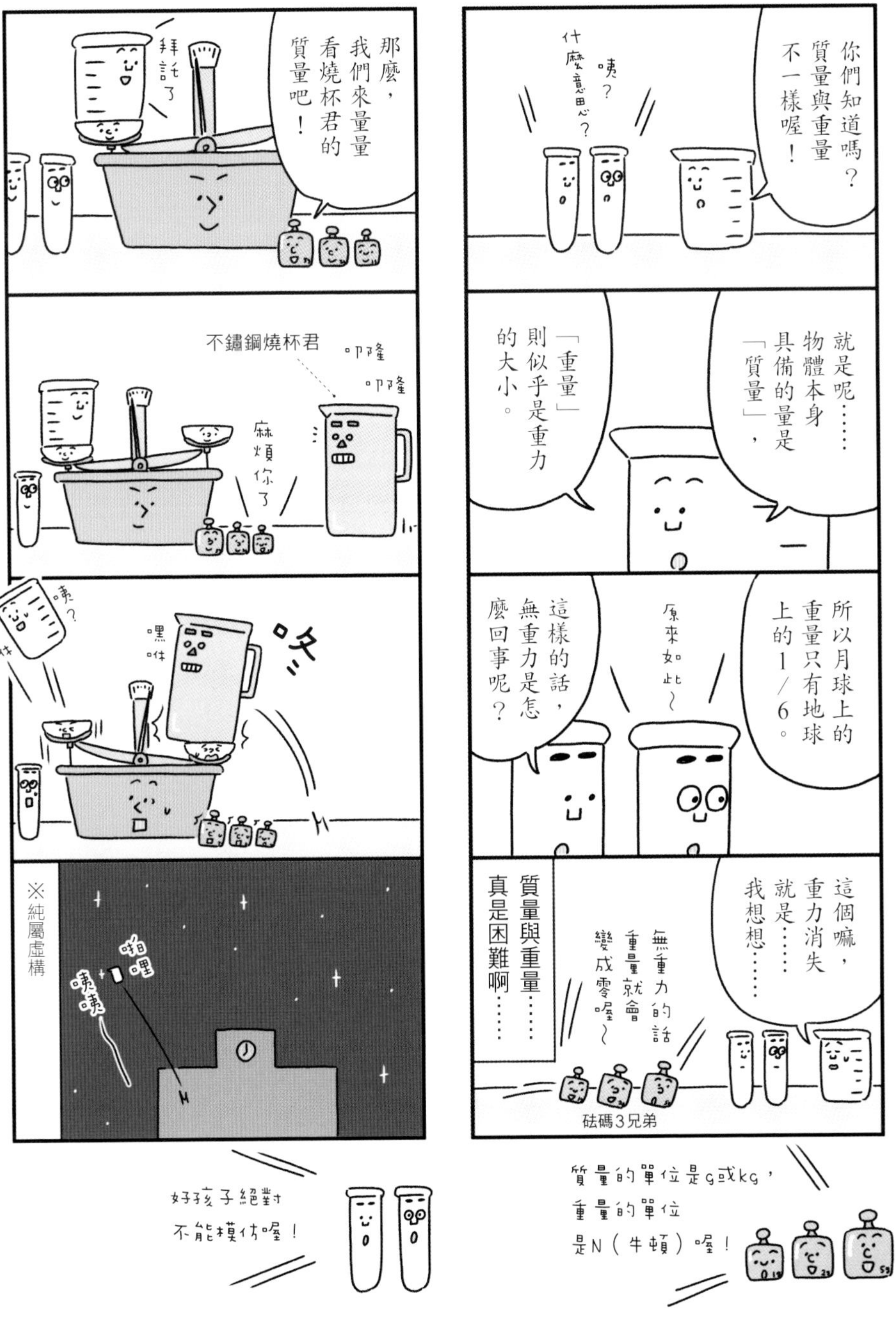
你們知道嗎？質量與重量不一樣喔！
咦？
什麼意思？
就是呢……物體本身具備的量是「質量」，
「重量」則似乎是重力的大小。
所以月球上的重量只有地球上的1／6。
原來如此～
這樣的話，無重力是怎麼回事呢？
這個嘛，重力消失就是……我想想……
無重力的話重量就會變成零喔～
質量與重量……真是困難啊……
砝碼3兄弟
那麼，我們來量量看燒杯君的質量吧！
拜託了
不鏽鋼燒杯君
叩隆
叩隆
麻煩你了
咚
嘿咻
咻
咦？
※純屬虛構
啪哩
咦咦
好孩子絕對不能模仿喔！
質量的單位是g或kg，重量的單位是N（牛頓）喔！

第8話 鋼絲絨誕生的地方

採訪地點／**日本鋼絲絨股份有限公司**
採訪日期／2018年8月

日本鋼絲絨產業的先驅。製造並販賣家庭用、工業用、業務用鋼絲絨，在日本和國際上都獲得好評。

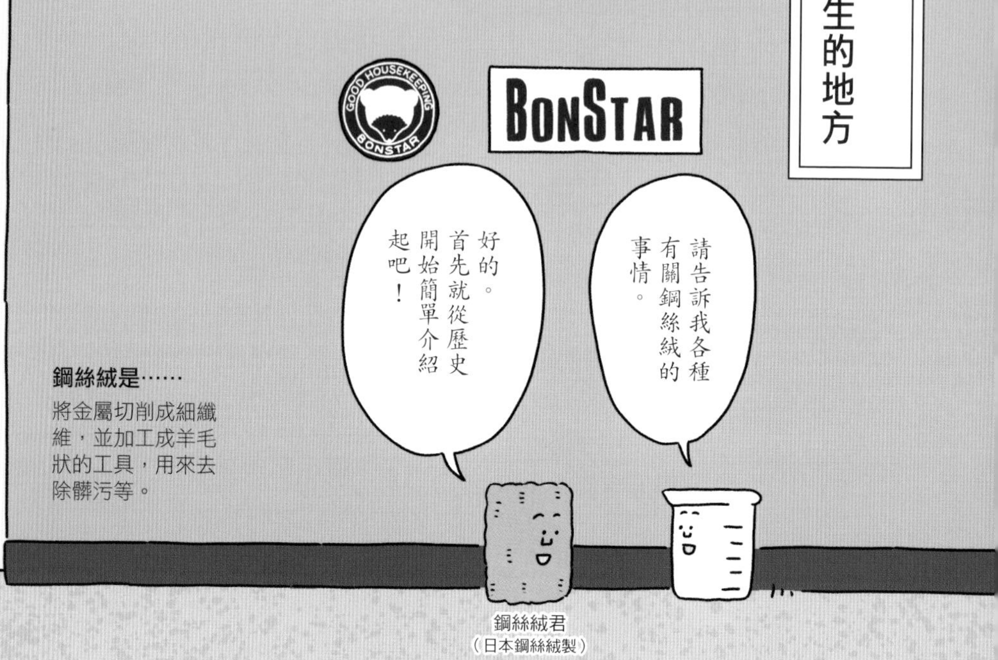
BONSTAR
GOOD HOUSEKEEPING BONSTAR
請告訴我各種有關鋼絲絨的事情。
好的。首先就從歷史開始簡單介紹起吧！
鋼絲絨是……
將金屬切削成細纖維，並加工成羊毛狀的工具，用來去除髒污等。
鋼絲絨君
（日本鋼絲絨製）

日本的鋼絲絨原本都是從美國進口，
後來基於國家方針等因素，在1959年開始改由國內製造。
當時的日本
從今開始，我們要自己製作鋼絲絨～
喔耶!!

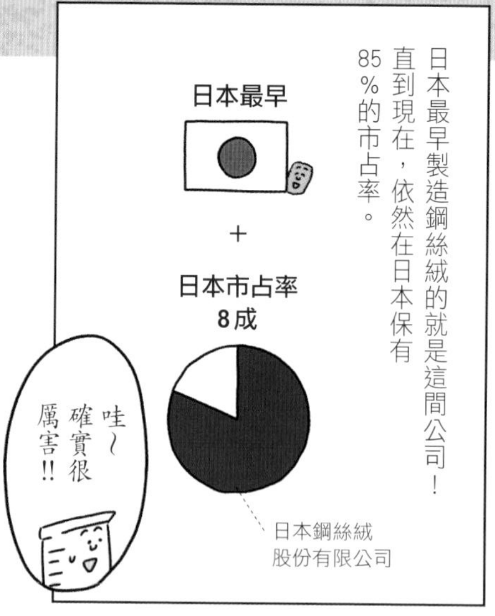
日本最早製造鋼絲絨的就是這間公司！直到現在，依然在日本保有85%的市占率。
日本最早
+
日本市占率
8成
日本鋼絲絨股份有限公司
哇～確實很厲害!!

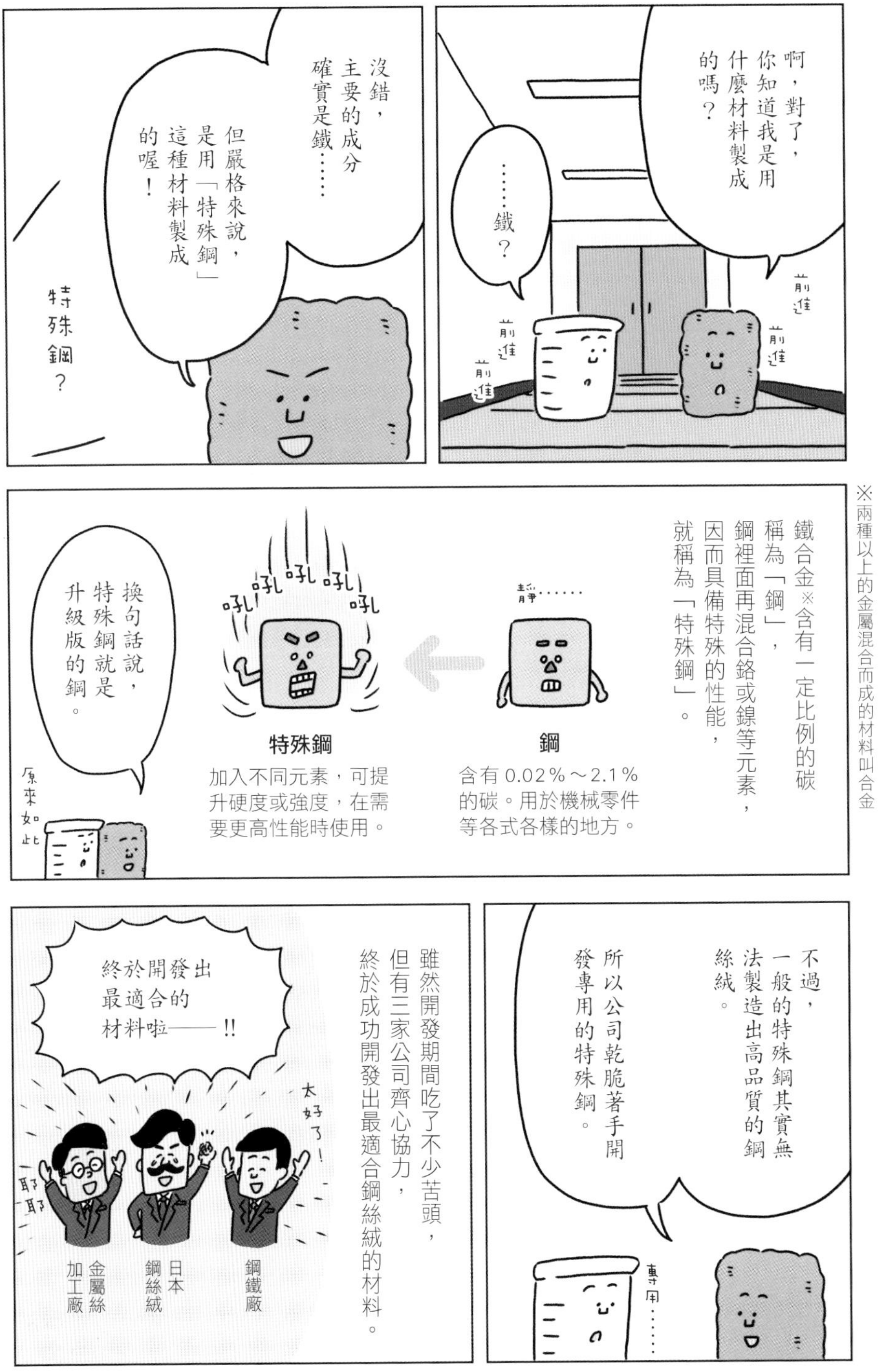
啊，對了，你知道我是用什麼材料製成的嗎？
……鐵？
前進
前進
前進
前進
沒錯，主要的成分確實是鐵……
但嚴格來說，是用「特殊鋼」這種材料製成的喔！
特殊鋼？
鐵合金※含有一定比例的碳稱為「鋼」，鋼裡面再混合鉻或鎳等元素，因而具備特殊的性能，就稱為「特殊鋼」。
※兩種以上的金屬混合而成的材料叫合金
靜……
鋼
含有 0.02％～2.1％的碳。用於機械零件等各式各樣的地方。
吼吼吼吼吼
特殊鋼
加入不同元素，可提升硬度或強度，在需要更高性能時使用。
換句話說，特殊鋼就是升級版的鋼。
原來如此
不過，一般的特殊鋼其實無法製造出高品質的鋼絲絨。
所以公司乾脆著手開發專用的特殊鋼。
專用……
雖然開發期間吃了不少苦頭，但有三家公司齊心協力，終於成功開發出最適合鋼絲絨的材料。
終於開發出最適合的材料啦——!!
太好了！
耶耶
鋼鐵廠
日本鋼絲絨
金屬絲加工廠

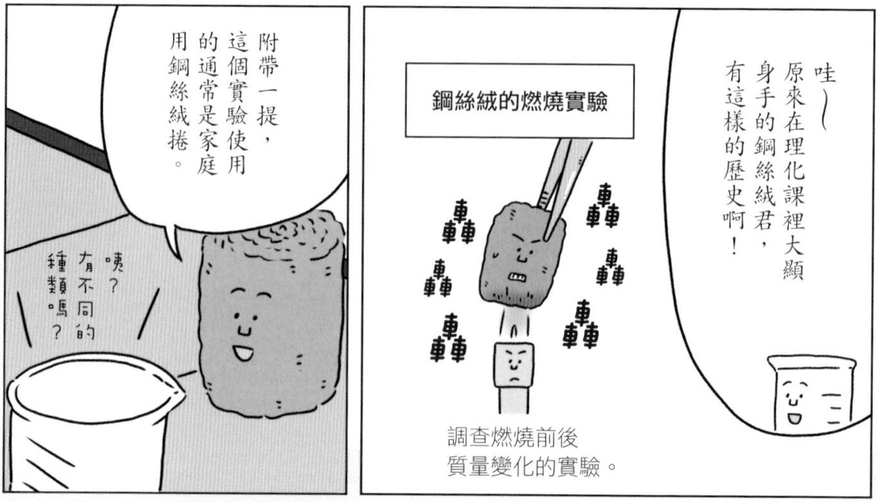
哇～原來在理化課裡大顯身手的鋼絲絨君，有這樣的歷史啊！
鋼絲絨的燃燒實驗
調查燃燒前後質量變化的實驗。
附帶一提，這個實驗使用的通常是家庭用鋼絲絨捲。
咦？有不同的種類嗎？

鋼絲絨的種類與用途

營業用

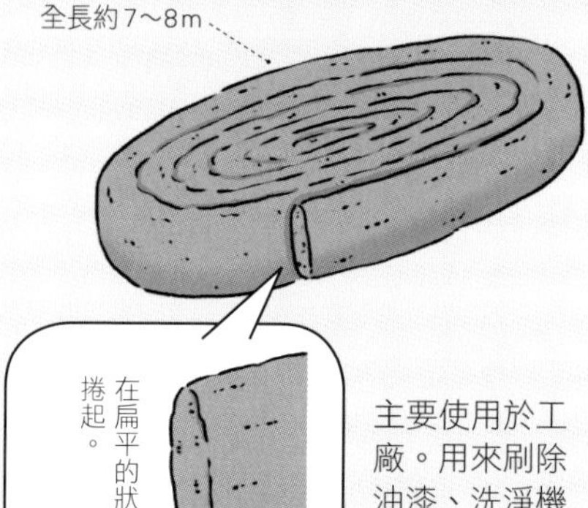
全長約7～8m
在扁平的狀態下捲起。

主要使用於工廠。用來刷除油漆、洗淨機械等。

去除工廠機械的油汙或鐵鏽等。

家庭用

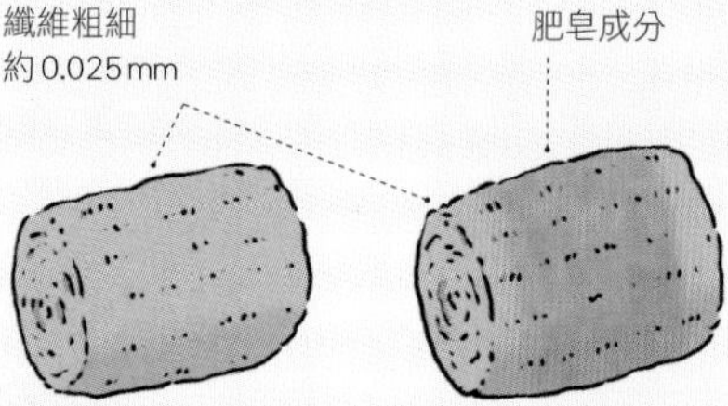
纖維粗細約0.025mm
肥皂成分

鋼絲絨捲

最常見的類型。除了出現在廚房，理化實驗也會使用。

喔～

理化實驗等

肥皂鋼絲絨

添加植物性肥皂成分，即使是頑固的油汙也能迅速洗淨。

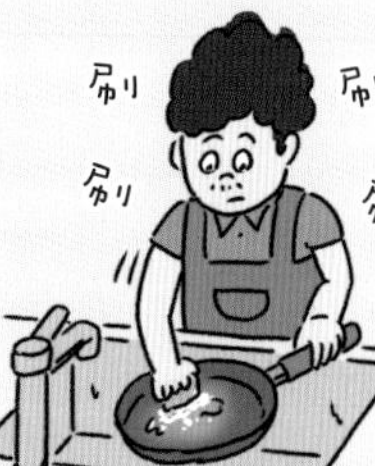

可去除平底鍋的焦垢或髒汙。

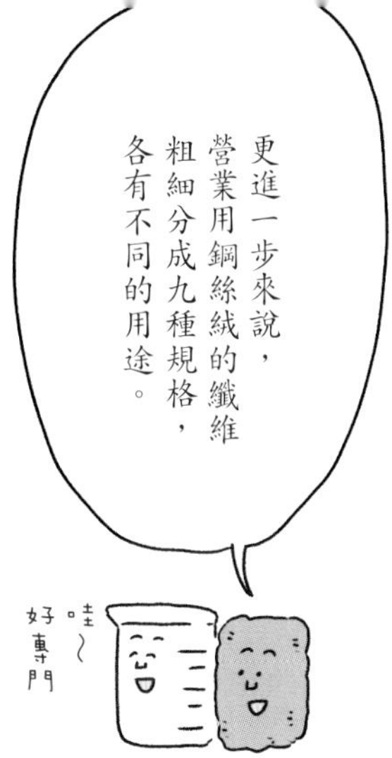
更進一步來說，營業用鋼絲絨的纖維粗細分成九種規格，各有不同的用途。
哇～
好專門

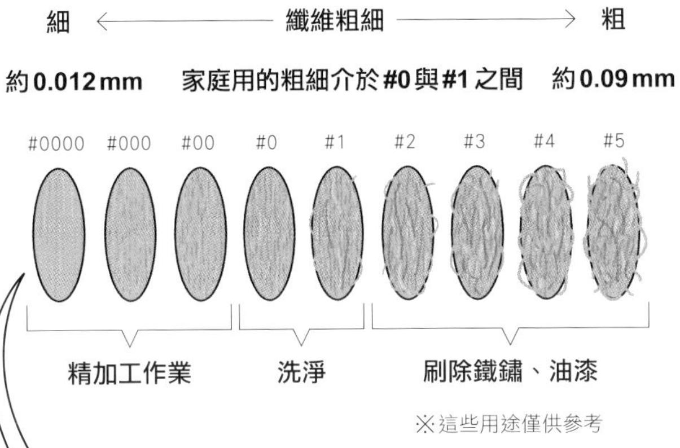
細 ← 纖維粗細 → 粗
約0.012mm
家庭用的粗細介於#0與#1之間
約0.09mm
#0000 #000 #00 #0 #1 #2 #3 #4 #5
精加工作業
洗淨
刷除鐵鏽、油漆
※這些用途僅供參考

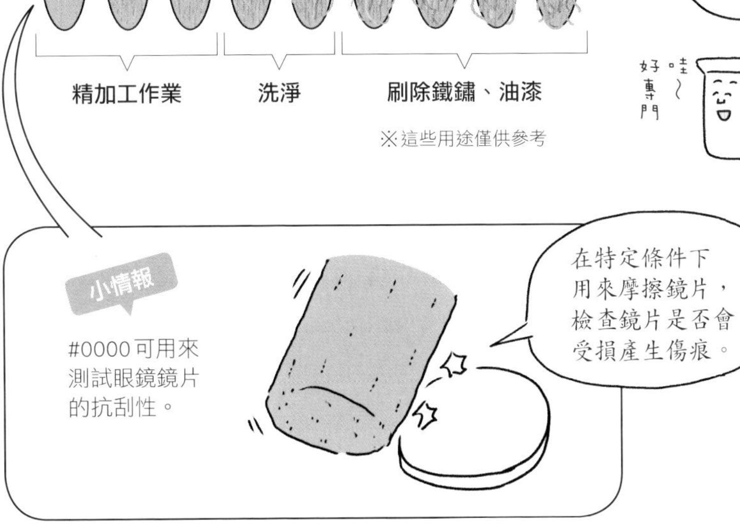
小情報
#0000可用來測試眼鏡鏡片的抗刮性。
在特定條件下用來摩擦鏡片，檢查鏡片是否會受損產生傷痕。

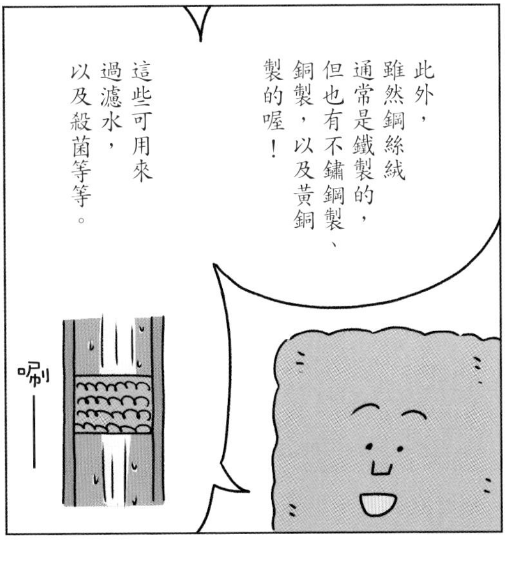
此外，雖然鋼絲絨通常是鐵製的，但也有不鏽鋼製、銅製，以及黃銅製的喔！
這些可用來過濾水，以及殺菌等等。
唰——

那麼接下來，為你介紹製造鋼絲絨的地方吧！
製造室

鋼絲絨的製造流程

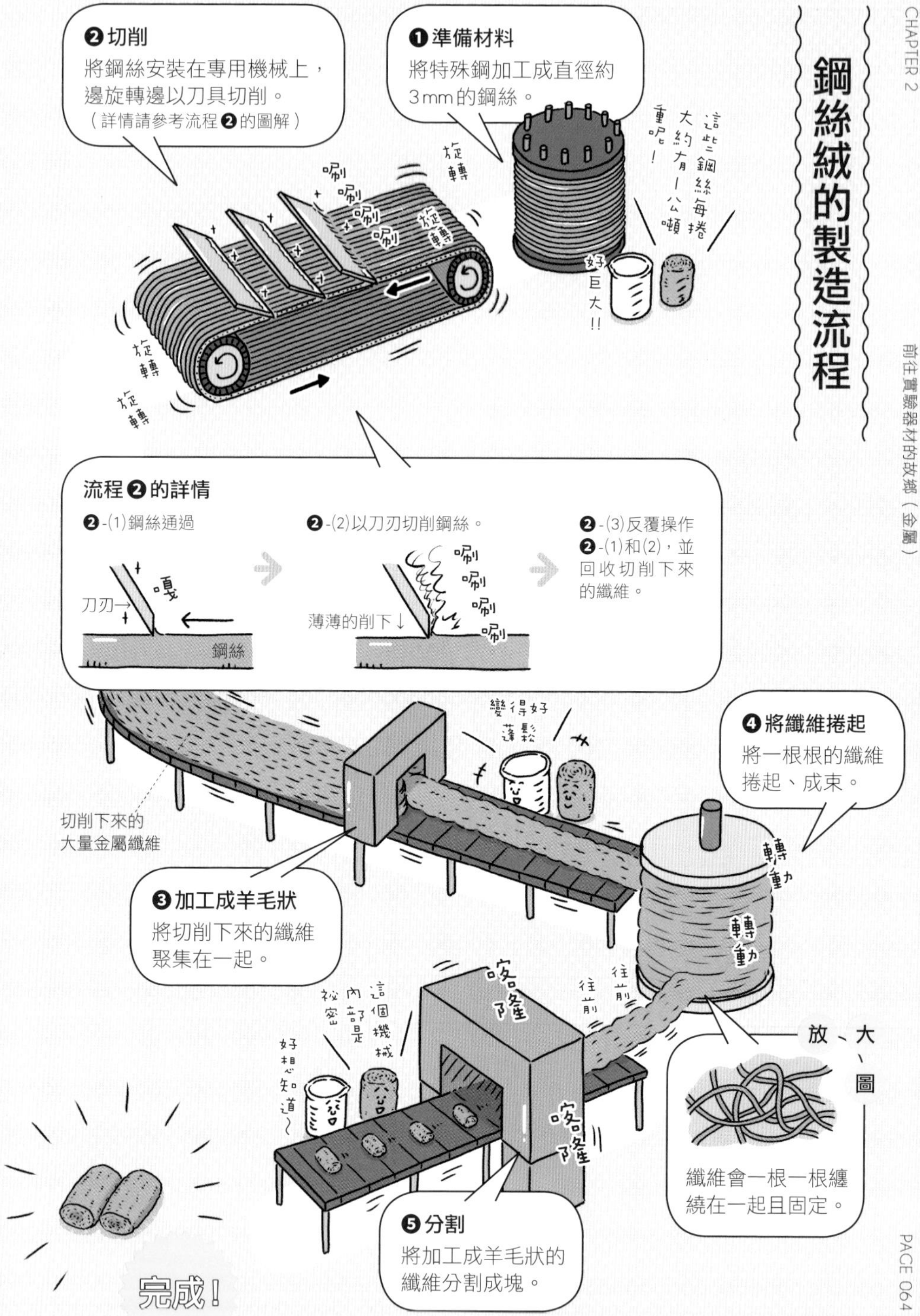
❶準備材料
將特殊鋼加工成直徑約3mm的鋼絲。
這些鋼絲每捲大約有1公噸重呢！
好巨大!!
❷切削
將鋼絲安裝在專用機械上，邊旋轉邊以刀具切削。
（詳情請參考流程❷的圖解）
旋轉
唰唰唰唰
旋轉
旋轉
旋轉
流程❷的詳情
❷-(1)鋼絲通過
刀刃→
嘎
鋼絲
❷-(2)以刀刃切削鋼絲。
薄薄的削下↓
唰唰唰唰
❷-(3)反覆操作❷-(1)和(2)，並回收切削下來的纖維。
切削下來的大量金屬纖維
變得好蓬鬆
❸加工成羊毛狀
將切削下來的纖維聚集在一起。
❹將纖維捲起
將一根根的纖維捲起、成束。
轉動
轉動
往前往前
放、大、圖
纖維會一根一根纏繞在一起且固定。
這個機械內部是祕密
好想知道～
喀隆
喀隆
❺分割
將加工成羊毛狀的纖維分割成塊。
完成！

原來，鋼絲絨是用一根根的纖維聚集起來做成的呀！
話說回來，鋼絲絨君跑去哪裡了呢？
啊，請等我一下下!!
燒杯君，讓你久等了～
抱歉、抱歉。
沒關係喔～
嚇！鋼絲絨君，你的頭怎麼了!?
喔，這個啊？
機器剛好有點髒，所以就剪下一小部分，拿去清潔機器了。
原來是這樣啊
必要時，也可以從鋼絲絨剪下一小部分來使用!!

採訪後記

日本鋼絲絨不僅是材料特別，加工成捲狀的技術也獨一無二。換句話說，每一塊鋼絲絨都充滿了技術。回想以前理化課上燃燒實驗時，只覺得「哇～燒起來真漂亮～」，現在真想回去訓斥當時的自己「燃燒時要更加心懷感恩啊！」……雖然這樣的訓斥也是有點怪。

燒杯君備忘錄

▾加工成細小纖維的鋼絲絨，也能用在汽車等交通工具的剎車裝置。

第9話
乾電池誕生的地方
Panasonic
今天會介紹各式各樣有關乾電池的事喔。
麻煩你了。
Panasonic
乾電池君
採訪地點／Panasonic股份有限公司
採訪日期／2020年2月
製造家電用品、資訊通訊機器、車載產品等的綜合電子產品大廠。在乾電池領域的市占率為日本第一。
打擾了～
鬥鬥
琳瑯滿目
哇——好多電池!!
這個工廠主要是製造鹼性電池。
不過Panasonic也生產其他各種電池，這些電池都在這裡展示。
Panasonic
Panasonic

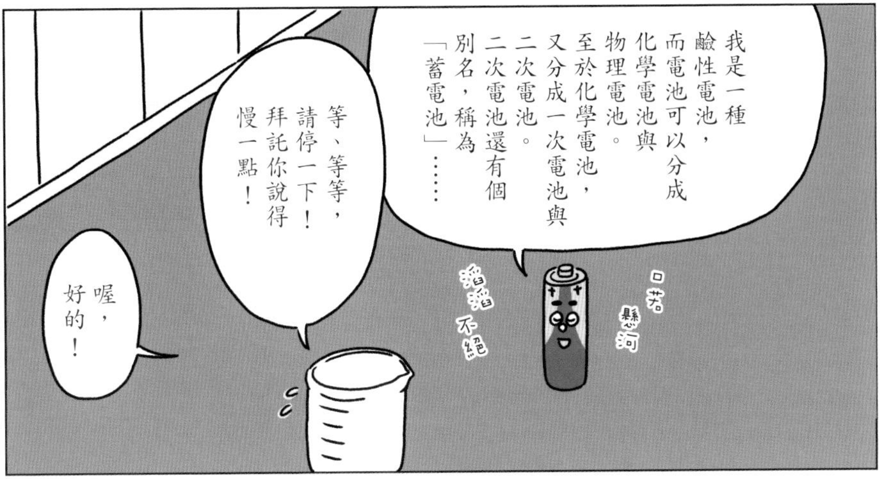
我是一種鹼性電池，而電池可以分成化學電池與物理電池。至於化學電池，又分成一次電池與二次電池。二次電池還有個別名，稱為「蓄電池」……
口若懸河
滔滔不絕
等、等等，請停一下！拜託你說得慢一點！
喔，好的！

電池的種類

鹼性電池
錳電池
鈕扣型鹼性電池等

一次電池
用完就丟的類型，無法充電。

鋰電池
鎳氫電池等
鉛蓄電池（車用）

二次電池（蓄電池）
可透過充電反覆使用的類型。

化學電池

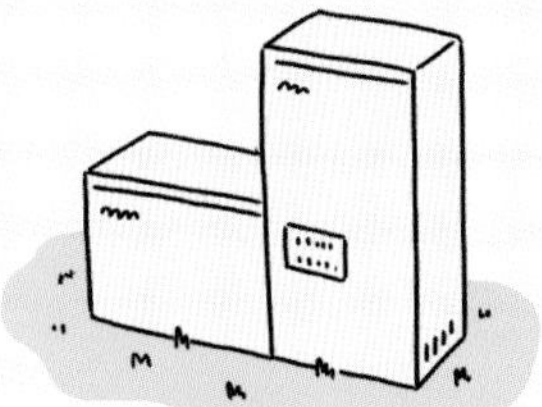

燃料電池
讓氫燃料與空氣中的氧反應，以進行發電的裝置。

物理電池

太陽能電池
可將來自太陽的光能轉變為電。

原來如此

大致來說就是這樣

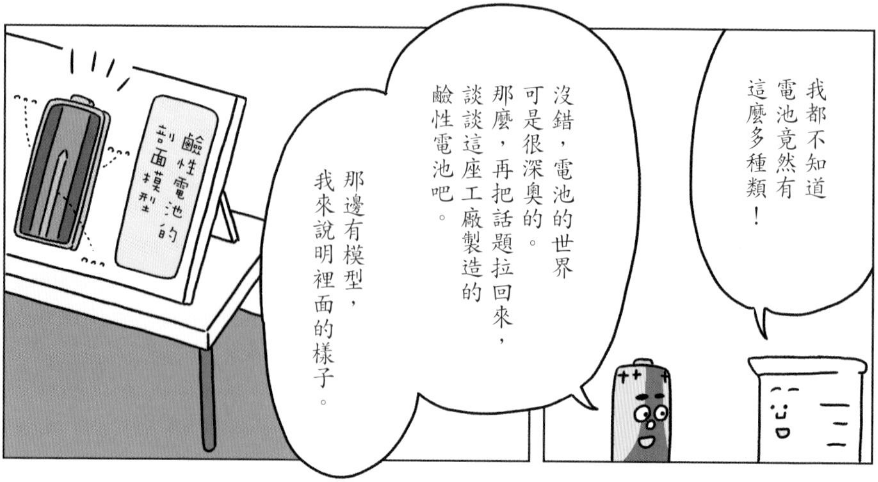

我都不知道電池竟然有這麼多種類！
鹼性電池的剖面模型
沒錯，電池的世界可是很深奧的。那麼，再把話題拉回來，談談這座工廠製造的鹼性電池吧。
那邊有模型，我來說明裡面的樣子。

鹼性電池的結構

鹼性電池屬於乾電池，乾電池的填充物大致可分為正極材料與負極材料，這些材料裡都含有電解液※。

※讓電流更容易通過的液體。鹼性電池使用的電解液是氫氧化鉀。

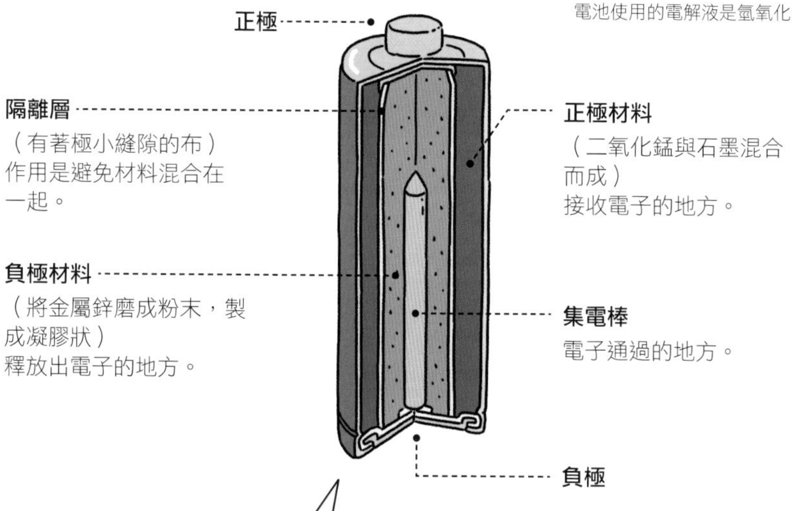

正極
隔離層
（有著極小縫隙的布）
作用是避免材料混合在一起。
正極材料
（二氧化錳與石墨混合而成）
接收電子的地方。
負極材料
（將金屬鋅磨成粉末，製成凝膠狀）
釋放出電子的地方。
集電棒
電子通過的地方。
負極

電池發電的原理

負極材料中的鋅會釋放出電子（帶電的粒子），這些電子由正極材料接收，形成電流。

二氧化錳
鋅
點亮
電子

（示意圖）

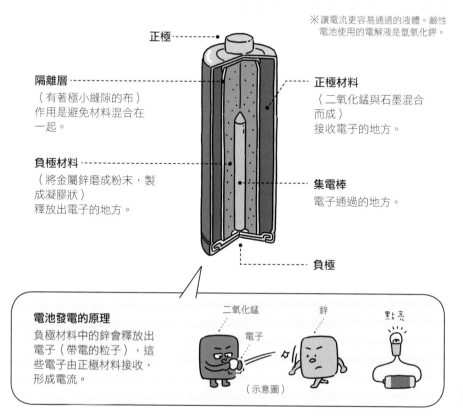

乾電池明明這麼小，但裡面的結構卻那麼複雜！
沒錯!!不過乾電池並不是一開始就這麼小喔！
全世界最早的乾電池※其實是在日本發明的，個頭可是相當大呢！
世界最早的乾電池
屋井乾電池
3號電池
特許
一
屋井乾電池
約12 cm
約9 cm
約5 cm
約1.5 cm
換句話說，從以前到現在進步很多，真厲害呢！
沒錯，而且依然持續在進步喔。
只是現在各國對乾電池的規格都有規範，想要有新的進展，變得非常困難。
鹼性電池的剖面模型
舉例來說，電池殼的厚度可盡量變薄，以便塞入更多材料，內部材料的開發研究等，也都在持續進行中。
乾電池的發展重點
構造
材料
製造流程
接下來，我們去製造的樓層吧！
開門
哇喔!!好長的走廊!!
喀鏘
嘰嘰
喀鏘
嘰嘰
乾電池的製造流程相當複雜喔！

※全世界最早的電池，則是在1800年由義大利的伏打製造出來。

鹼性電池的製造流程

❶將製成圓筒狀的正極材料插入電池殼內。

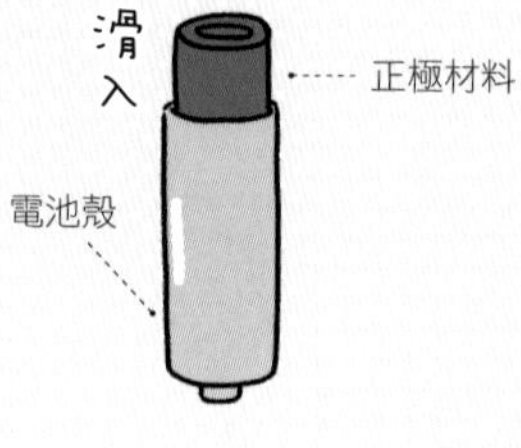
滑入
正極材料
電池殼

❷在電池殼上壓出溝槽，再插入隔離層。

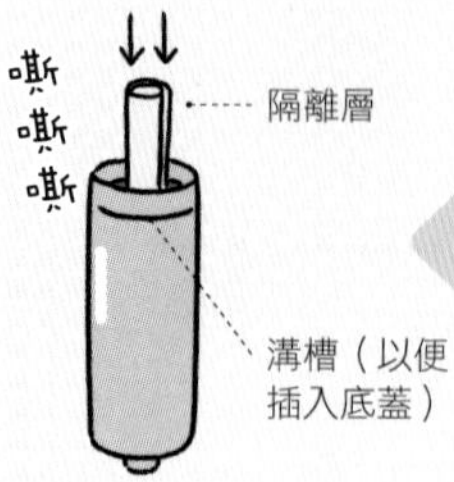
嘶嘶嘶
隔離層
溝槽（以便插入底蓋）

❸為了防止漏液，在電池殼的開口附近噴上止漏膠。

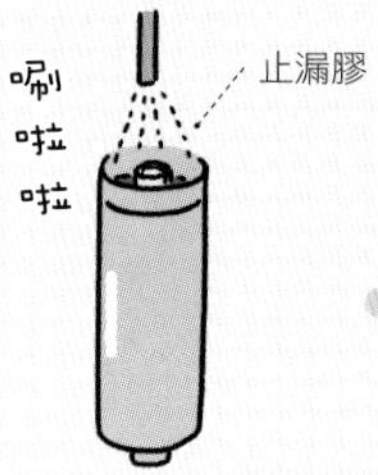
唰啦啦
止漏膠

❹注入鹼性電解液，讓內部材料吸收。

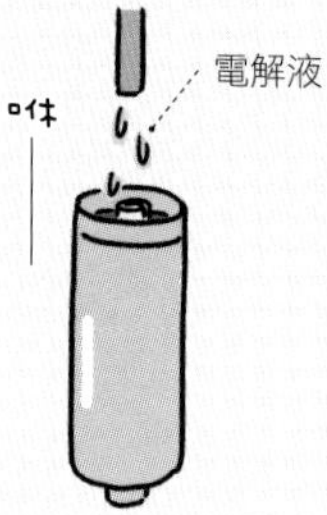
咻
電解液

❺充填負極材料，盡量避免產生空隙。

擠出
負極材料

❻插入附有軸的底蓋。

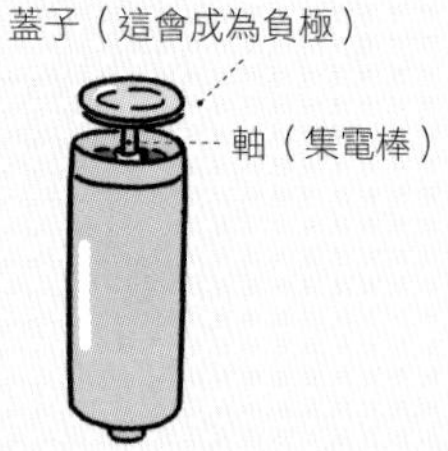
蓋子（這會成為負極）
軸（集電棒）

❼捲上外裝標籤並加熱，讓標籤緊貼電池殼。

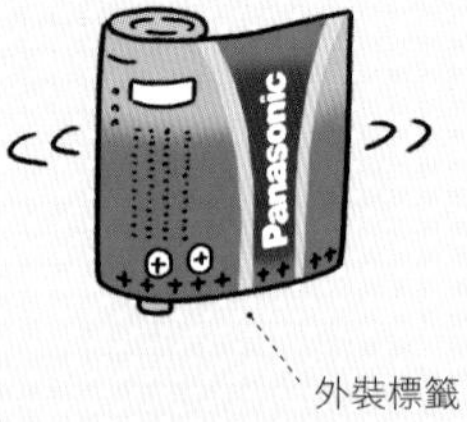
Panasonic
外裝標籤

完成！

Panasonic

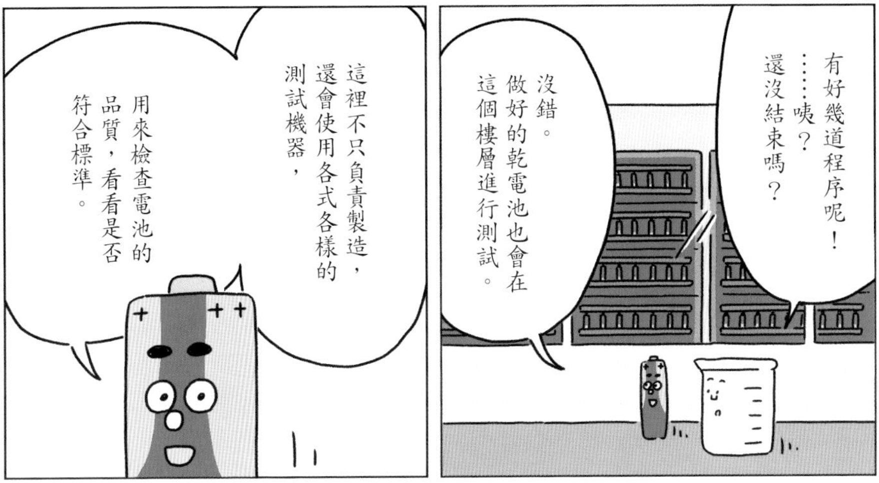
有好幾道程序呢！
……咦？還沒結束嗎？
沒錯。做好的乾電池也會在這個樓層進行測試。
這裡不只負責製造，還會使用各式各樣的測試機器，
用來檢查電池的品質，看看是否符合標準。

鹼性電池 品質測試範例

以各式各樣的測試，確認製造完成的乾電池是否能確實發揮功能。

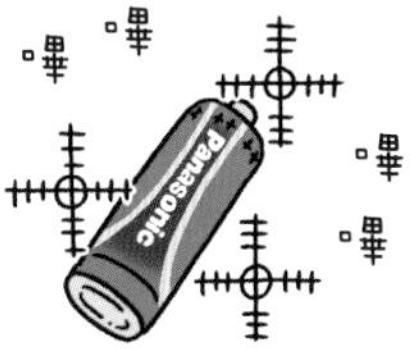
嗶
嗶
嗶
嗶
Panasonic

基本性能檢查

測量尺寸與電壓等，檢查是否確實符合標準。

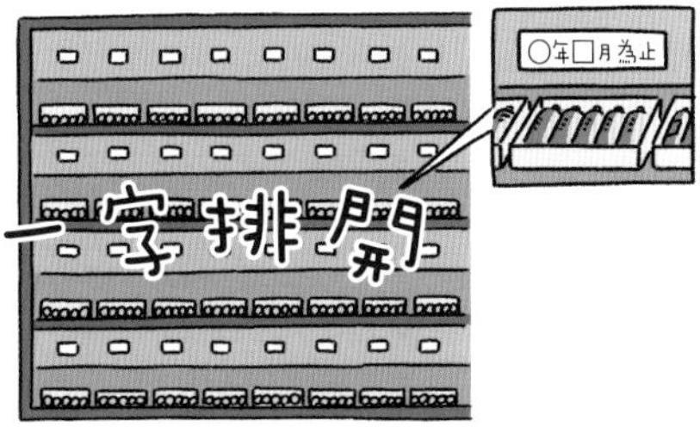
○年□月為止
一字排開

常溫保存測試

以長時間保存為前提的試驗。檢查在常溫下（20℃上下）保存十年後，性能是否會有問題。

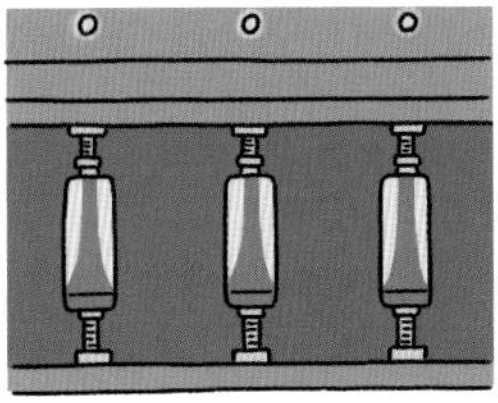

放電測試

測量電力用盡的放電時間。放電模式共有150種以上，如放電一分鐘、休息一分鐘等。

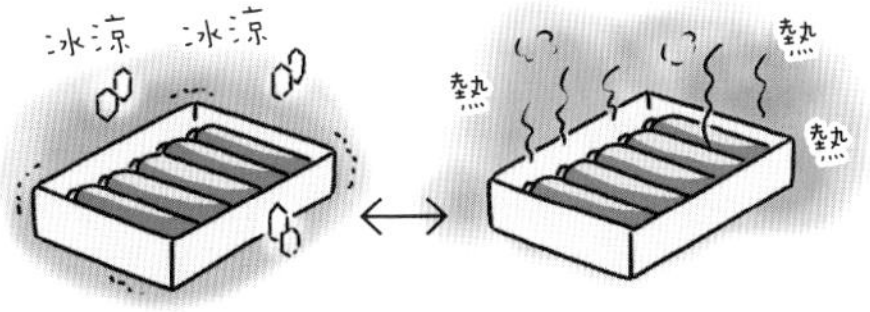
冰涼
冰涼
熱
熱
熱

熱循環測試

低溫狀態與高溫狀態交互重複，檢查電池是否會發生問題。

除了這些，還有其他測試喔。譬如以錯誤使用的情況為前提，像是故意將電池裝反，確認安全閥是否能確實運作，或從高處讓電池落下，確認電池裡的材料不會噴出等等。
反裝測試
咚
落下測試
落下嗎……
咻—
啪哩
燒杯君落下測試不合格!!
……這、這些測試真是可怕啊！
燒杯君被自己想像的測試畫面嚇到了。

採訪後記

乾電池的製造流程已經自動化了，所以每一顆電池的製造時間並不長。但是乾電池完成後並不會立刻出貨，而是會先保存幾天。這是為了讓內部材料融合，使乾電池的品質變得穩定。換句話說，乾電池稍微靜置一下再出貨，會比剛完成就立刻出貨更好。

燒杯君備忘錄

▼乾電池的外裝標籤具有防止短路發熱的作用，絕對不能剝下來喔！

輕輕鬆鬆四格漫畫

燒杯君和他的夥伴

電池談話會
這是讓大家聊聊電池的地方。
耶～！
鹼性電池君
安裝電池時，有時會把正極與負極弄反吧！
嗶，危險!!
我懂～
舉
電池和燒杯君不一樣，如果裝反，可能會發燙或是損壞喔！
唉唉，當電池真辛苦吧！
沒這回事！燒杯如果反過來也很糟糕啊!!
你看！這樣液體就裝不進去了。
唰
啦
啦
啦
燒杯君燃起了莫名的競爭心。
嗯……
5
4
2
電池談話會
還有誰想聊聊關於電池的事？
輪到我！
電池如果放很久都不理它，有的會漏液！
嗶嗶，這也很危險!!
漏液的原因很多。如果長時間一直沒使用電池，也會發生漏液。
丟棄時不可用手直接碰……
長時間!?嗯啊……
燒杯如果長時間沒使用，別說是漏液了，水分還會蒸發光光！
燒杯君拼命想說些引人注意的話。
燒杯君，這不是笑話比賽啦！
1
1
1

COLUMN 2

人類文明的背景就在鑷子！

文／山村紳一郎

鑷子不就只是夾東西的工具嗎……大家可不能隨隨便便的這麼想。就如同第6話裡介紹過的，鑷子是濃縮了許許多多的技術與工匠技巧的偉大工具。我在大學時代打工時，曾經從事製作大量的顯微鏡標本，當時就體會到鑷子的偉大。

標本的表面覆蓋著一層厚度只有0.17mm的超薄玻璃（蓋玻片）。當時的我視力很好，手也還算靈巧，所以是用指尖輕輕捏住蓋玻片的邊緣進行作業（其實最好不要用手指觸碰）。製作了五片、十片還沒什麼，但是持續處理一百片、兩百片之後，指尖變得粗糙乾燥，結果蓋玻片掉了下來。慌忙之中，玻璃邊緣割破了我的手指，一下子變成了紅血球的顯微鏡觀察……淚。

於是我匆匆忙忙的尋找鑷子，結果卻遍尋不著！大概是有人大量帶出實驗室了吧？我心想「真傷腦筋」，只好從工具櫃裡拿出第7話裡登場的砝碼用鑷子。「總比到處都是血要好吧……」我抱持著這樣的想法開始使用，但那是砝碼專用的工具，用來製作顯微鏡標本非常不順手。我苦戰了好幾個小時（？）後，決定放棄砝碼用鑷子，並從學長的抽屜裡翻出了看起來很高級、似乎是外國製的鑷子，借用了一下。結果那種好用順手的感覺，讓我驚訝得說不出話來。無論是材質、做工還是平衡感，看似微小的差異，卻帶來了截然不同的使用感受，鑷子這種工具看似簡單，其中的學問卻很深奧。

從此之後，我的筆袋裡一定隨時放著附有套子的鑷子。現在視力隨著年齡惡化（頭腦、長相、還有年齡也是？），我甚至覺得，如果沒有這個東西，應該不可能從事精密作業（其實是完全不可能）。個人喜歡的是尖端彎曲的「鶴頸」型鑷子，但是筆直修長、尖端纖細的精密鑷子也很帥氣……結果筆袋都被鑷子撐胖了。

根據調查，據說鑷子的原型在古埃及與羅馬時代就已經出現，所以大聲的說「人類文明的背景就在鑷子！」應該也不為過吧？

CHAPTER 3
前往博物館

第10話 氣象儀器聚集的地方

採訪地點／**日本氣象廳**
氣象儀器檢定試驗中心
採訪日期／2019年7月

保養並檢查氣壓計、風速計、溫度計等氣象儀器※的機構。機構內附設「氣象儀器歷史館」。

※用來觀測氣象的工具

今天麻煩你了。
好的，請多指教。
風車型風向風速計君
（不只測量風速，也測量風向）
這裡除了會檢查使用中的氣象儀器，
也展示了過去歷代的氣象儀器喔！
開門
風速計檢查室
我們的第一站是這裡。

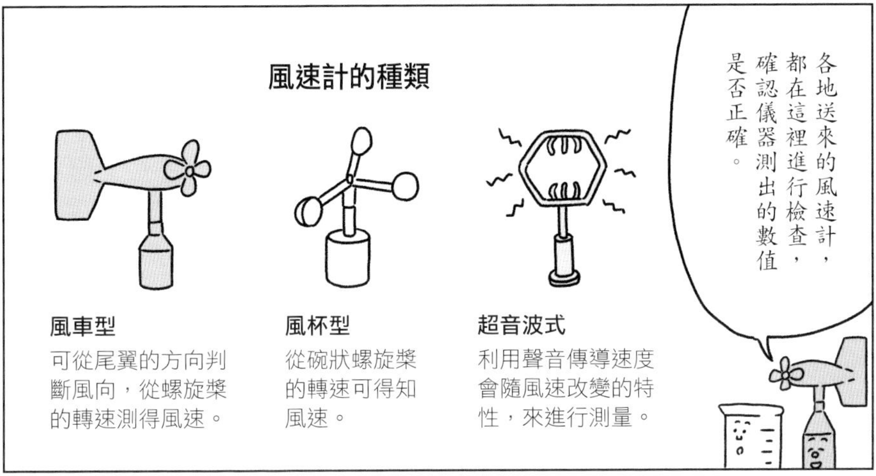
風速計的種類
風車型
可從尾翼的方向判斷風向，從螺旋槳的轉速測得風速。
風杯型
從碗狀螺旋槳的轉速可得知風速。
超音波式
利用聲音傳導速度會隨風速改變的特性，來進行測量。
各地送來的風速計，都在這裡進行檢查，確認儀器測出的數值是否正確。

喀鏘
打擾了
哇喔!!
我們可以在這個房間進行操作，控制窗戶另一邊的裝置。

那裡是檢查風速計的地方嗎？
沒錯！

整個裝置稱為「風洞」，能夠製造出各種速度的風喔！

哇，好厲害，
不知道檢查是
如何進行的。
呵呵，很好奇嗎？
這樣的話……
微笑
我們就去接受檢查吧!!
咦？
推推
推推
幾分鐘後……
準備完成!!
緊張
緊張
※這是漫畫效果，並沒有真的把燒杯放上去。

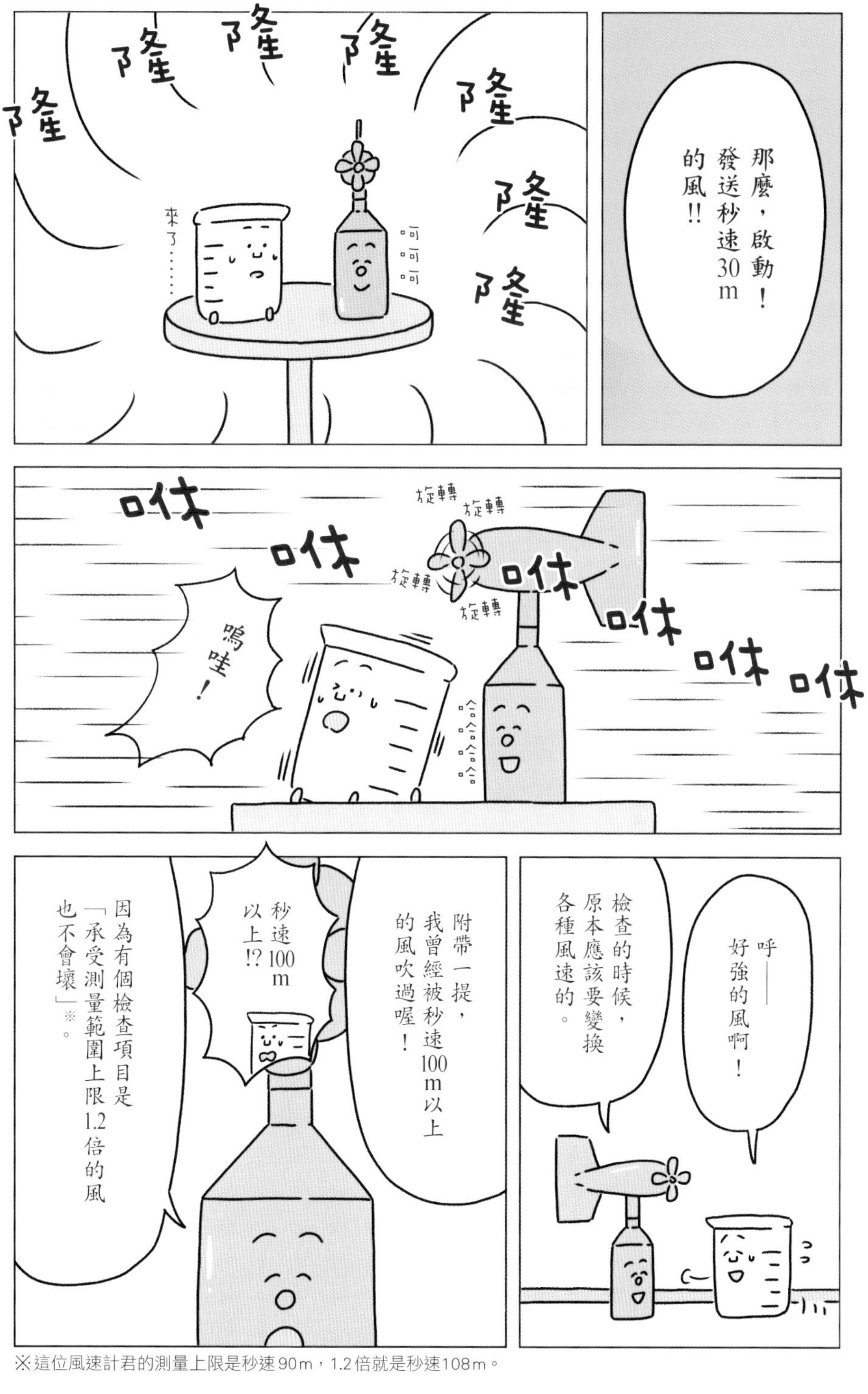
那麼，啟動！發送秒速30m的風!!
隆 隆 隆 隆 隆 隆 隆
來了……
呵呵呵
咻 咻 咻 咻 咻 咻
旋轉 旋轉 旋轉 旋轉
嗚哇！
哈哈哈哈
呼——好強的風啊！
檢查的時候，原本應該要變換各種風速的。
附帶一提，我曾經被秒速100m以上的風吹過喔！
秒速100m以上!?
因為有個檢查項目是「承受測量範圍上限1.2倍的風也不會壞」※。

※這位風速計君的測量上限是秒速90m，1.2倍就是秒速108m。

話說回來，過去日本觀測到的最大瞬間風速※，第一名是秒速91.0m，所以秒速100m的風應該很難想像吧！
不過，這也顯示檢查條件有多麼嚴格呢！
前進
前進
喔，到了。接下來要介紹氣象儀器的前輩們。
氣象儀器歷史館
好期待喔~
開門
哇喔~
這裡陳列的氣象儀器前輩，數量超過150位喔。
琳瑯滿目~
真驚人！有好多器材的形狀，是我沒看過的……
咦？
量筒君？為什麼會在這裡？
喂——
叫我嗎？
轉頭
啊，認錯了。

※1996年在富士山觀測到的數值

他是雨量筒君，在測量降雨量時就會大顯身手。
真抱歉。
沒關係，畢竟很像嘛
降雨量不只由我測量，還要靠這裡的大家通力合作一起測量喔！
儲水式雨量計團隊
承雨器小妹
儲水桶君
漏斗君
儲水瓶君
一起測量……？
其實除了我之外，大家可以像這樣合體……
裡面是這個樣子
漏斗君
儲水桶君
儲水瓶君
像這樣把器材的下半部埋在土裡，下雨時，就能將雨水存在裡面。
嘩啦—
每隔一段時間，負責的工作人員會將儲水瓶裡的水倒進雨量筒裡，測量雨水的量。
倒
倒
倒
根據測量結果就能計算出降雨量。

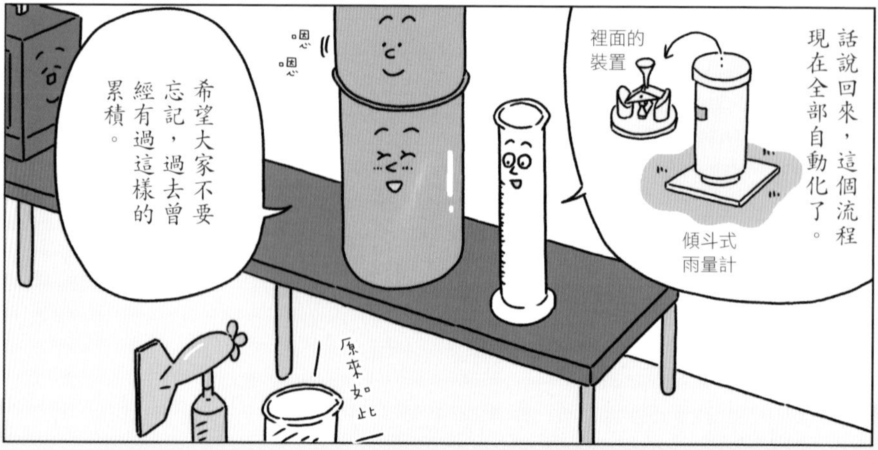
話說回來，這個流程現在全部自動化了。
裡面的裝置
傾斗式雨量計
嗯嗯
希望大家不要忘記，過去曾經有過這樣的累積。
原來如此

那麼，也為你介紹其他一小部分的前輩吧！

歷代氣象儀器

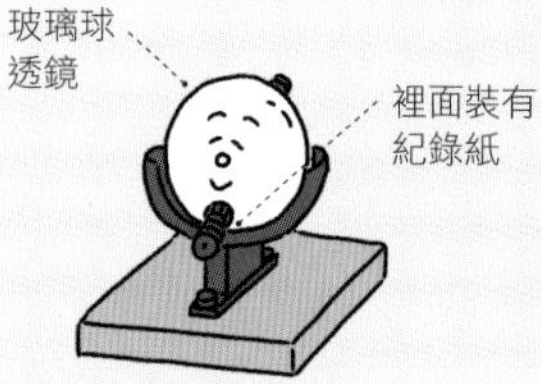
玻璃球透鏡
裡面裝有紀錄紙

康司日照計

以玻璃球透鏡聚集太陽光，曬焦紀錄紙，再透過焦痕的長度判斷日照時間。日本氣象廳在1875至1935年間使用。

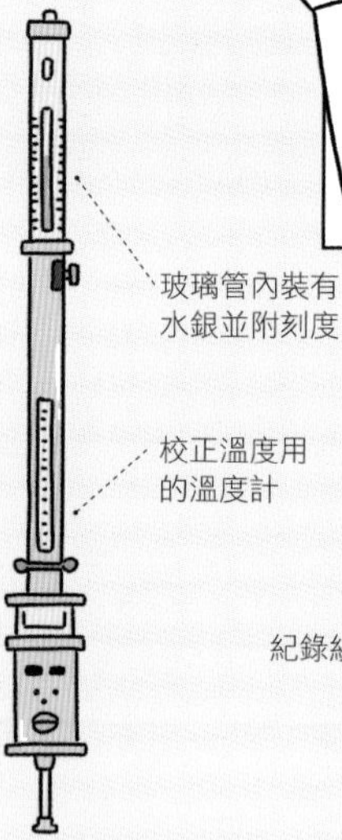
玻璃管內裝有水銀並附刻度
校正溫度用的溫度計

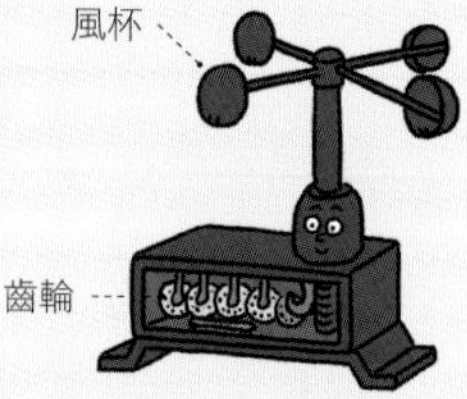
風杯
齒輪

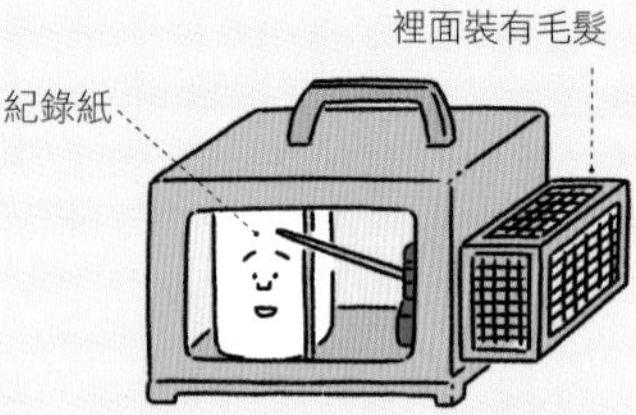
裡面裝有毛髮
紀錄紙

魯濱遜風速計

下方盒子內的齒輪具有數字，可藉此判斷上方風杯旋轉的距離，並透過計算導出風速。日本氣象廳在1876至1961年間使用。

精密型福丁式水銀氣壓計

氣壓計的玻璃管內裝滿了水銀，能夠透過水銀的高度變化判斷氣壓。日本氣象廳在1975至2004年間使用。

毛髮濕度計

人類毛髮長度會隨著濕度變化而改變，利用這項原理可製成毛髮濕度計。日本氣象廳在1915至1980年間使用。

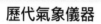

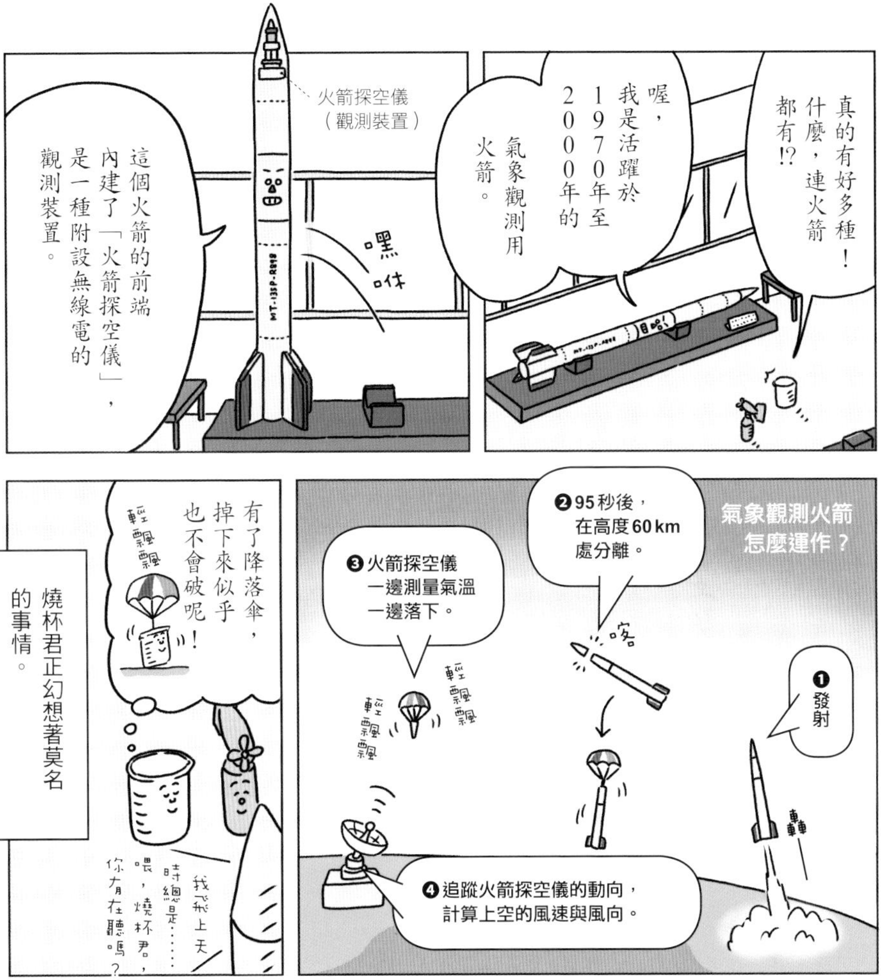
真的有好多種！什麼，連火箭都有!?
喔，我是活躍於1970年至2000年的氣象觀測用火箭。
火箭探空儀（觀測裝置）
這個火箭的前端內建了「火箭探空儀」，是一種附設無線電的觀測裝置。
嘿咻
氣象觀測火箭怎麼運作？
❶發射
轟
❷95秒後，在高度60 km處分離。
喀
❸火箭探空儀一邊測量氣溫一邊落下。
輕飄飄
輕飄飄
❹追蹤火箭探空儀的動向，計算上空的風速與風向。
燒杯君正幻想著莫名的事情。
有了降落傘，掉下來似乎也不會破呢！
輕飄飄
我飛上天時總是……
喂，燒杯君，你有在聽嗎？

採訪後記

氣象觀測數據應用在許多領域，如防災、掌握環境變化、農業等，對於人們的生活來說早已不可或缺。這次登場的「風洞」就是這些數據的幕後功臣，現在已經是第三代了。第一代的風洞在1943年製造出來，換句話說，風洞守護了風速計的精確度長達80年左右。這天的採訪，真是讓我對氣象觀測歷史大感吃驚。

燒杯君備忘錄

▼氣象觀測火箭的任務，現在已經交棒給氣象衛星了。

第11話 貴重實驗器材聚集的地方

採訪地點／**東京大學駒場博物館**
採訪日期／2017年5月

收藏並展示學術標本與實驗器材等等，也開放給一般民眾參觀。此外還介紹了駒場校區內進行的研究。

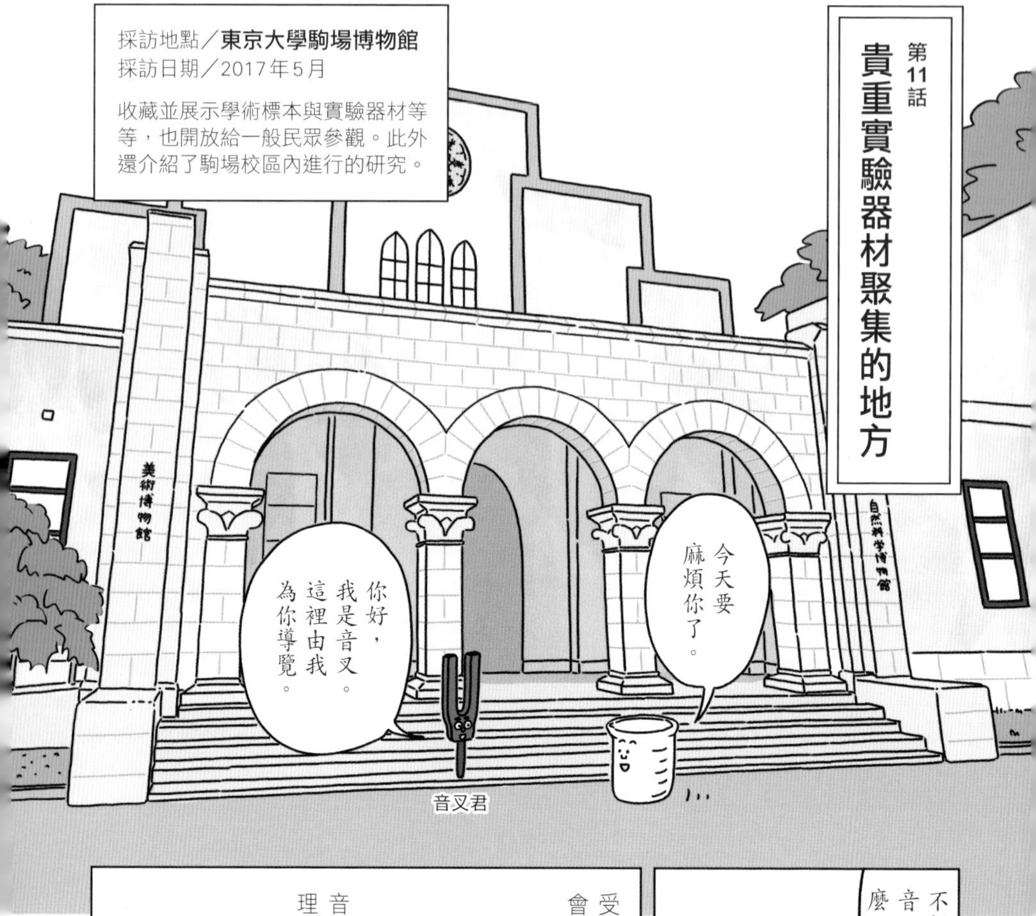

美術博物館
自然科學博物館
今天要麻煩你了。
你好，我是音叉。這裡由我為你導覽。
音叉君

不好意思，音叉是什麼？
昏倒—

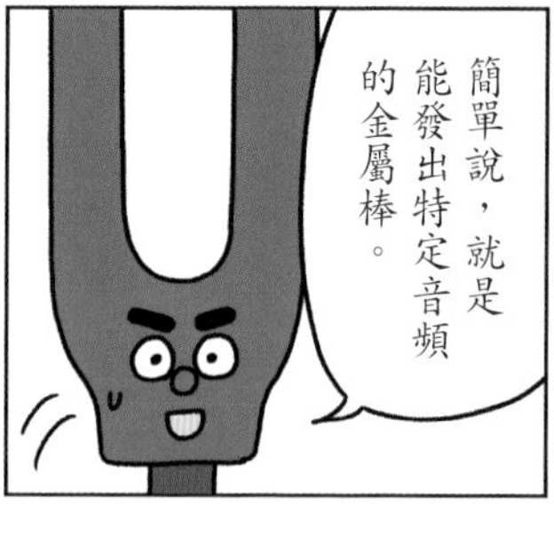

簡單說，就是能發出特定音頻的金屬棒。

受到敲打時，音叉的兩根棒子會振動，發出固定的音頻。
音調高低取決於金屬棒的長度與厚度。理科實驗或歌手唱歌前，都會使用音叉。
敲
嗡～
可將音叉安裝在箱子上，放大聲音。
聲音的學習
確認音調高低

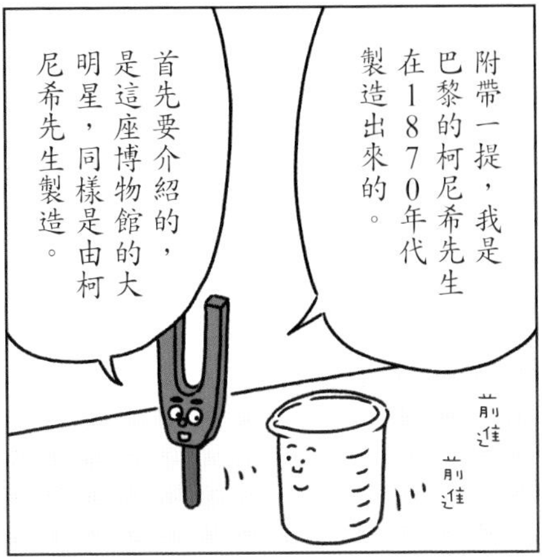
附帶一提，我是巴黎的柯尼希先生在1870年代製造出來的。
首先要介紹的，是這座博物館的大明星，同樣是由柯尼希先生製造。
前進
前進

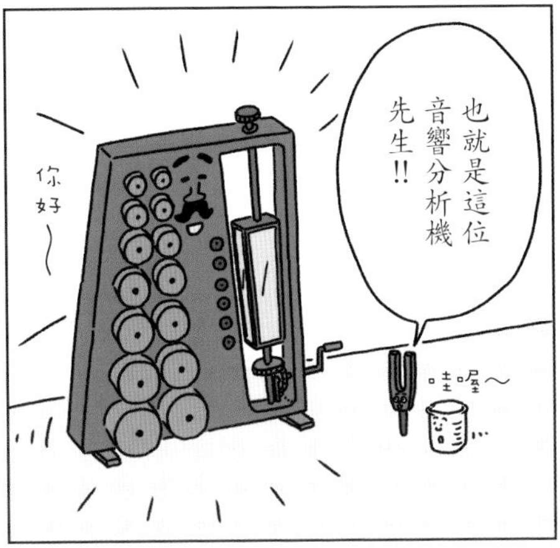
也就是這位音響分析機先生!!
哇喔～
你好～

音響分析機先生

可將聲音視覺化的機器，製造於19世紀末。全日本只有這裡看得到。

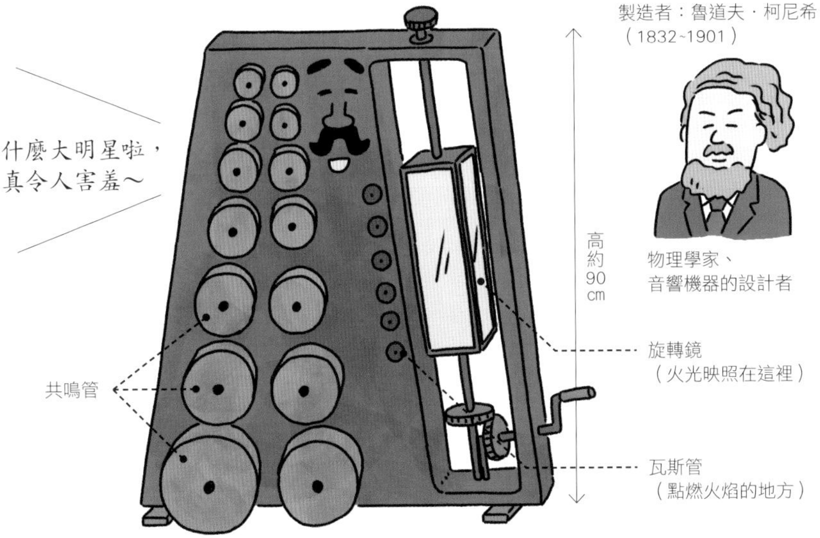
什麼大明星啦，真令人害羞～
製造者：魯道夫・柯尼希（1832~1901）
物理學家、音響機器的設計者
高約90cm
共鳴管
旋轉鏡（火光映照在這裡）
瓦斯管（點燃火焰的地方）

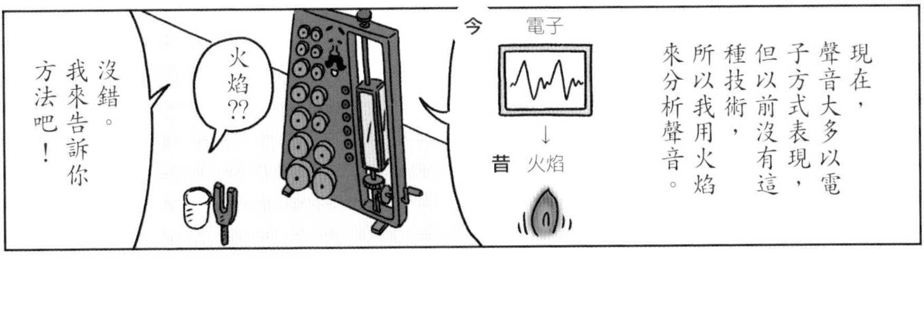
現在，聲音大多以電子方式表現，但以前沒有這種技術，所以我用火焰來分析聲音。
今 電子
↓
昔 火焰
火焰??
沒錯。我來告訴你方法吧！

全日本獨一無二

柯尼希製音響分析機的實驗方法

❶點燃火焰

轟轟
轟轟
轟轟
轟轟
轟轟
轟轟

❷發出聲音

嗡

實驗結束
就像這樣，以火焰將聲音視覺化，這對音響學的發展具有重大的貢獻。
原來如此～

❸火焰對聲音產生反應並搖晃

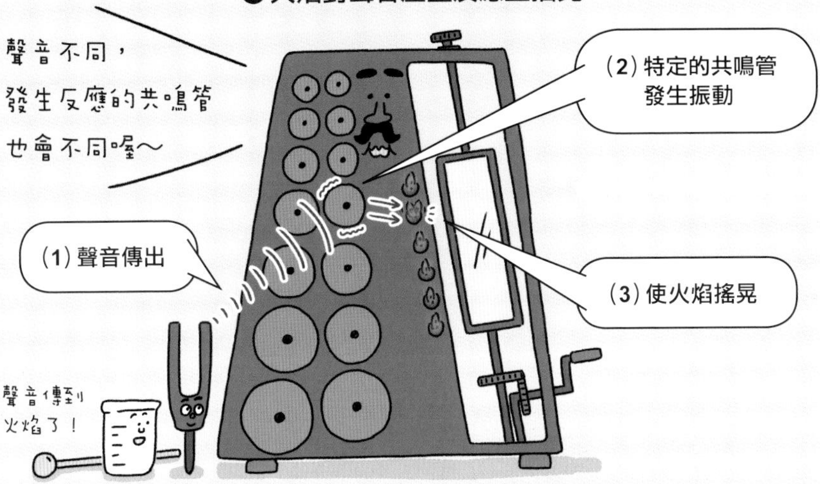
聲音不同，
發生反應的共鳴管
也會不同喔～
(2) 特定的共鳴管
發生振動
(1) 聲音傳出
(3) 使火焰搖晃
聲音傳到
火焰了！

❹轉動鏡子

旋轉
旋轉
旋轉
轉動鏡子，火焰會在
鏡子上連續成像。

❺記錄鏡子中火焰的形狀。

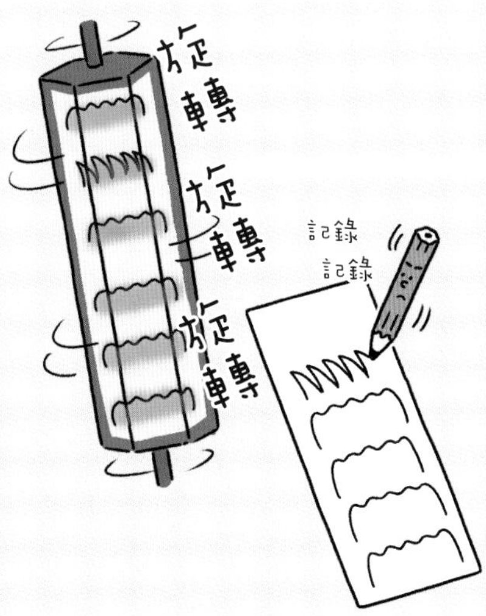
旋轉
旋轉
旋轉
記錄
記錄

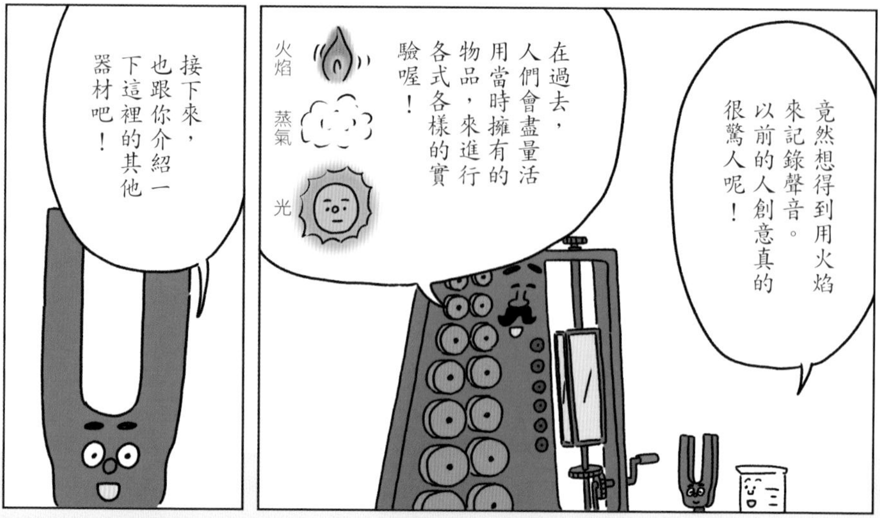
竟然想得到用火焰來記錄聲音。以前的人創意真的很驚人呢！
在過去，人們會盡量活用當時擁有的物品，來進行各式各樣的實驗喔！
火焰
蒸氣
光
接下來，也跟你介紹一下這裡的其他器材吧！

全部都很珍貴

駒場博物館的夥伴們

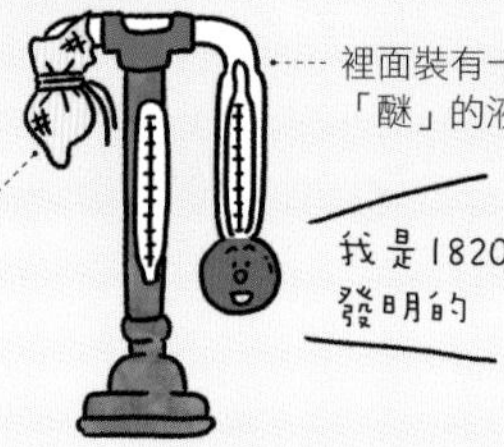
裡面裝有一種叫做「醚」的液體。
以紗布包住的球
我是1820年發明的

丹尼爾濕度計

將水滴在左側的紗布上，右側的球溫度會跟著下降。根據水滴附著瞬間的溫度，能夠算出濕度。

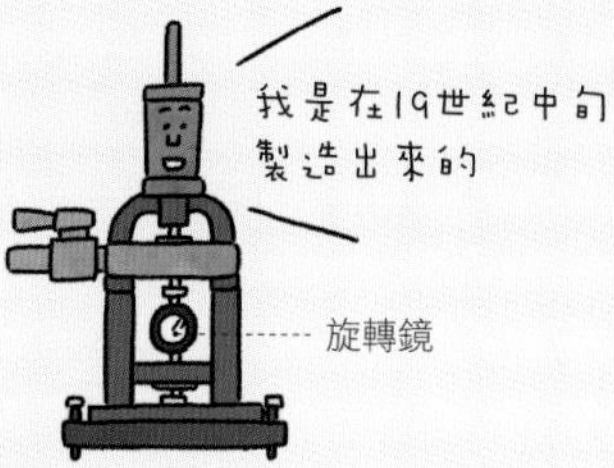
我是在19世紀中旬製造出來的
旋轉鏡

傅科旋轉鏡

用來測量光速。利用蒸氣轉動鏡子並以光照射，觀測光線反射回來時的偏移程度。

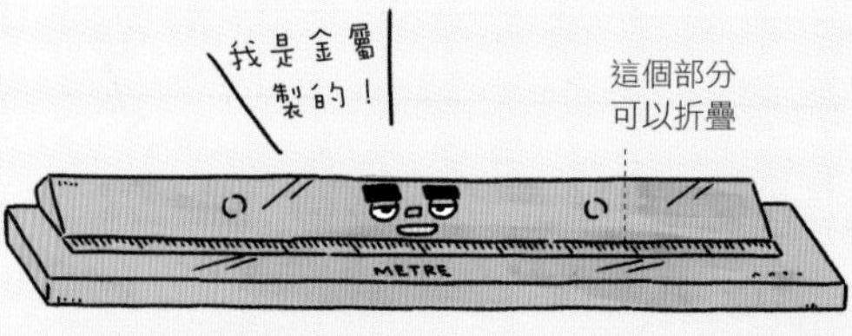
我是金屬製的！
這個部分可以折疊
METRE

公尺原器※模型

這個模型名符其實的刻有1公尺的刻度，根據記載為1884年製，但詳細來歷不明。

※公尺原器為1公尺的標準，是直到1960年都還在使用的金屬製尺規。

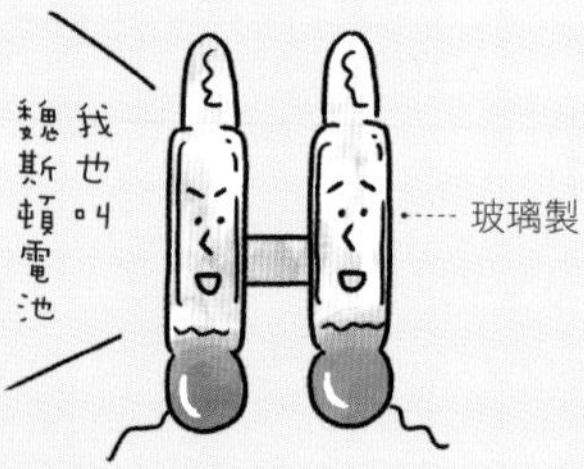
我也叫韋斯頓電池
玻璃製

標準電池

能夠輕易保持固定的電壓，也不太受溫度變化影響。自19世紀後半起活躍了大約100年。

在這裡的各位，都是好厲害的器材呢～
畢竟這裡陳列的，都是當時科學界的前輩們啊！
實驗器材會隨著科學的進步持續進化喔！
沒錯沒錯，持續進化很重要呢！我也必須要持續進化……
但我該怎麼進化啊……!?
燒杯君遭遇到重大瓶頸。

採訪後記

法國物理學家萊昂・傅科在19世紀中旬，使用右頁登場的旋轉鏡測量光速。驚人的是，他算出的光速與現在相比只差了0.6%，準確度非常高。從前的科學家具備的智慧與創意真的很厲害呢！附帶一提，光的速度為每秒299792458m，可以用「餓久久，去就餓，賜我粑」的諧音來記憶！

燒杯君備忘錄

▼實驗器材今後想必也會持續進化，但總之，我就先觀望吧……

科學技術館
SCIENCE MUSEUM
第12話
體驗科學技術的地方
我來拜訪科學技術館了。
今天由我擔任導覽。
採訪地點／科學技術館
採訪日期／2021年3月
以各領域的產業技術與基礎科學為主題的博物館。特色是不僅能夠參觀，還能觸摸或移動展示品，實際體驗。
錐形瓶君

這座建築的圖案真是特殊啊！
很特別吧！據說所有牆壁上的星形洞洞，總共超過兩萬個喔。
而且從上往下看，形狀像個「天」字。當初蓋這棟建築時，還因為嶄新的造型而成為話題呢！
哇～真是有趣！

科學技術館裡展示了各式各樣的主題，包括光、電、化學、能源、製造等。
嘰咿咿咿
首先，我們搭電扶梯去五樓吧！

科學技術館樓層導覽

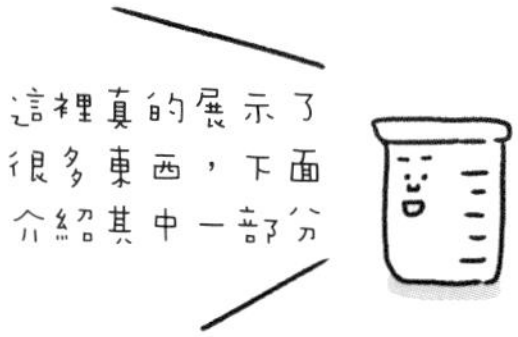
這裡真的展示了很多東西，下面介紹其中一部分

SHOP
Welcome

5樓

- 「機械區」，可實際體驗槓桿、滑輪等機件的運作，還有超巨大齒輪。
- 「試作實驗室」，有最受歡迎的巨大泡泡與龍捲風製造機。

等等

4樓

- 「實驗競技場」，能夠欣賞驚人的實驗秀。
- 「建設館」，能夠模擬並操作建築工地的重型機具。

等等

3樓

- 「藥物實驗室」，可學習藥物的歷史與研發等。
- 「原子小站地球實驗室」，可學習地球具備的能源與原理。

等等

2樓

- 「製造工作室」，擺放了雷射加工機等裝置。
- 「環保車樂園」，可體驗有關車輛的樂趣與安全性。

等等

1樓

- 入口與櫃台
- 販賣科學周邊產品的博物館商店也很受歡迎。

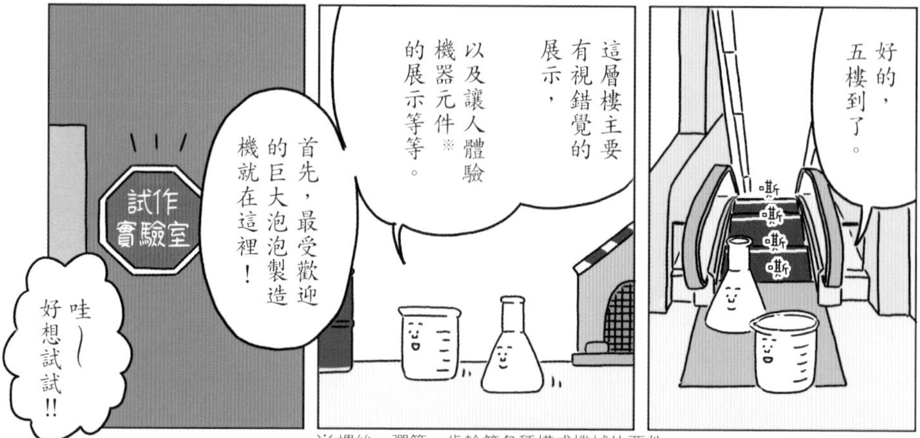

好的，五樓到了。
嘶
嘶
嘶
嘶
這層樓主要有視錯覺的展示，以及讓人體驗機器元件※的展示等等。
首先，最受歡迎的巨大泡泡製造機就在這裡！
試作實驗室
哇～好想試試!!

※螺絲、彈簧、齒輪等各種構成機械的要件。

3分鐘後
準備好了嗎？
OK！
緊張緊張
我要開始嘍！
拉起
我跳!!
喔喔喔！

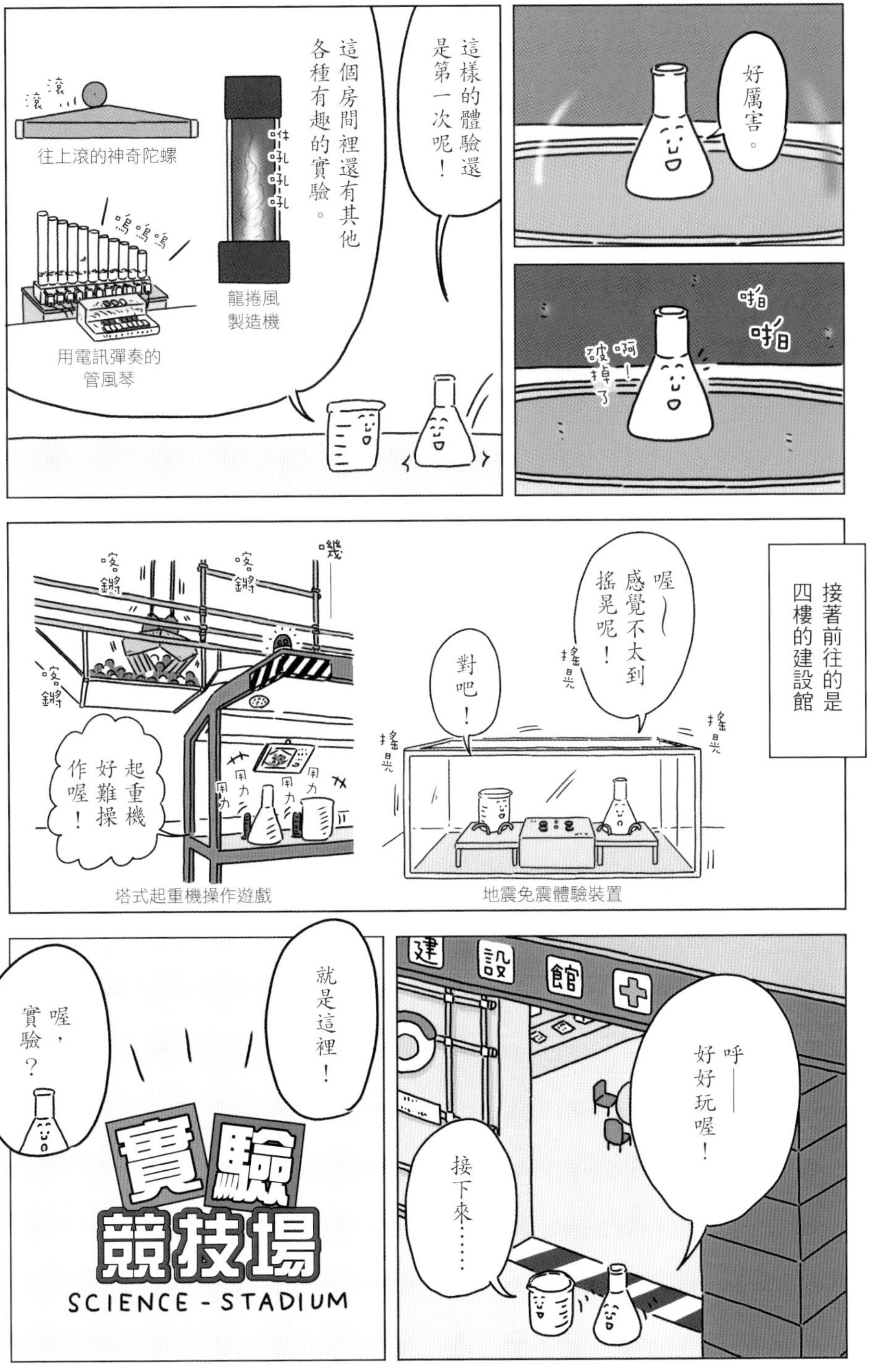
好厲害。
啪 啪
啊！破掉了
這樣的體驗還是第一次呢！
這個房間裡還有其他各種有趣的實驗。
往上滾的神奇陀螺
滾 滾
龍捲風製造機
咻吼吼吼
用電訊彈奏的管風琴
嗚嗚嗚
接著前往的是四樓的建設館
喔～感覺不太到搖晃呢！
對吧！
搖晃
地震免震體驗裝置
喀鏘
嘰——
起重機好難操作喔！
用力
塔式起重機操作遊戲
建設館
呼——好好玩喔！
接下來……
就是這裡！
喔，實驗？
實驗競技場
SCIENCE - STADIUM

這裡隨時都有各種實驗秀，錐形瓶君要不要也挑戰看看呢？
實驗競技場
SCIENCE-STADIUM
身為錐形瓶，聽到你這麼說，怎麼可能拒絕！
……5分鐘後
今天要挑戰的，是牛奶性質變化實驗。
檸檬汁
玻棒
牛奶
麻煩你了
請多指教
首先，倒入糖漿與檸檬汁。
咕嚕嚕
接著，倒入牛奶。
咕嚕嚕
然後，把它們攪拌一下。
攪拌
攪拌
攪拌
等到牛奶變得黏稠……
黏稠
黏稠
完成了!!
好厲害!!
黏稠
黏稠
這就是檸檬的力量!!

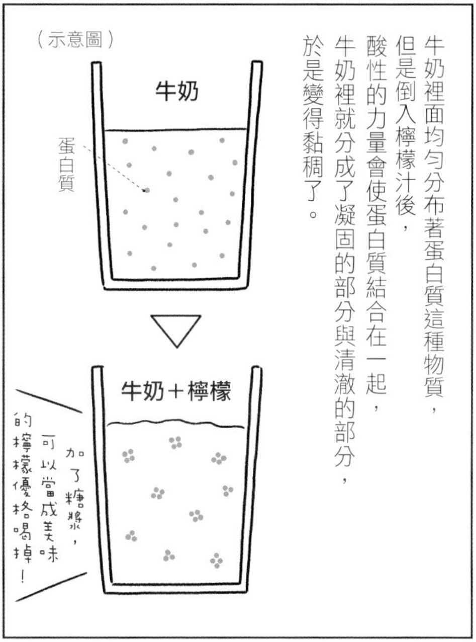
牛奶裡面均勻分布著蛋白質這種物質，
但是倒入檸檬汁後，
酸性的力量會使蛋白質結合在一起，
牛奶裡就分成了凝固的部分與清澈的部分，
於是變得黏稠了。
（示意圖）
牛奶
蛋白質
牛奶＋檸檬
加了糖漿，可以當成美味的檸檬優格喝掉！

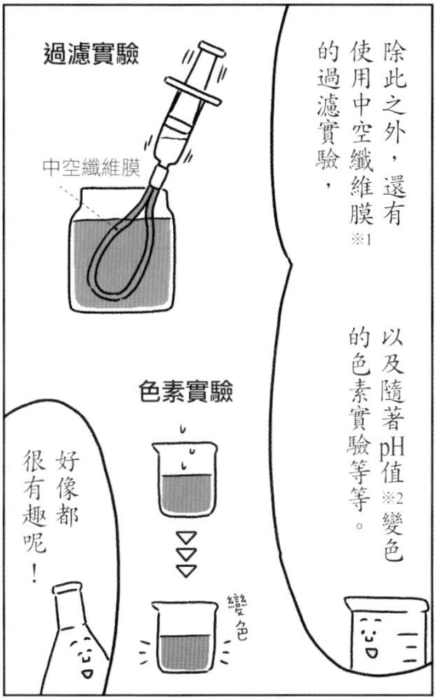
除此之外，還有使用中空纖維膜※1的過濾實驗，
以及隨著pH值※2變色的色素實驗等等。
過濾實驗
中空纖維膜
色素實驗
變色
好像都很有趣呢！

※1 表面具有非常細小孔洞的特殊材質　※2 顯示酸鹼程度的數值

之後，燒杯君繼續導覽……

三樓：「藥物實驗室」
以觸控式面板操控的遊戲
透過問答學習有關藥物的知識

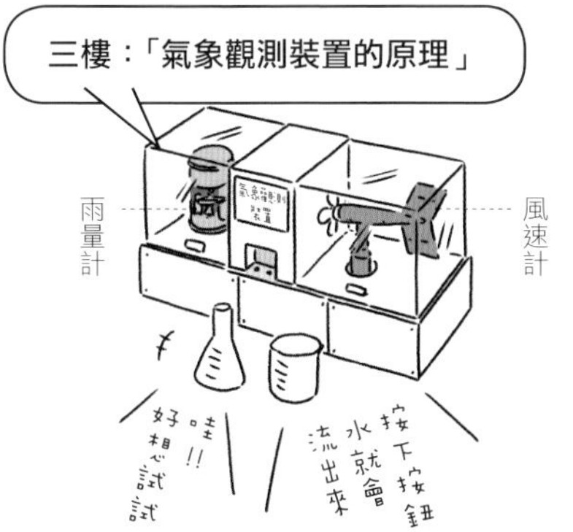
三樓：「氣象觀測裝置的原理」
雨量計
風速計
哇!!好想試試
按下按鈕水就會流出來

三樓：「煤是什麼？」
煤塊
這塊重200kg!!
好重～

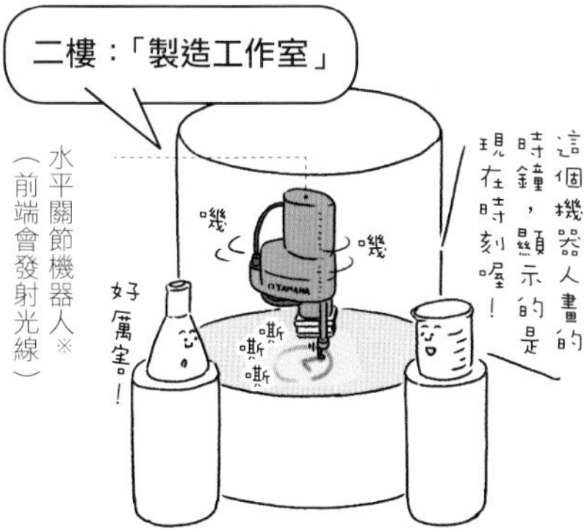
二樓：「製造工作室」
水平關節機器人※（前端會發射光線）
嘰
嘰
嘶嘶嘶
好厲害！
這個機器人畫的時鐘，顯示的是現在時刻喔！

※水平關節機器人：工廠和生產線上經常可以看到。

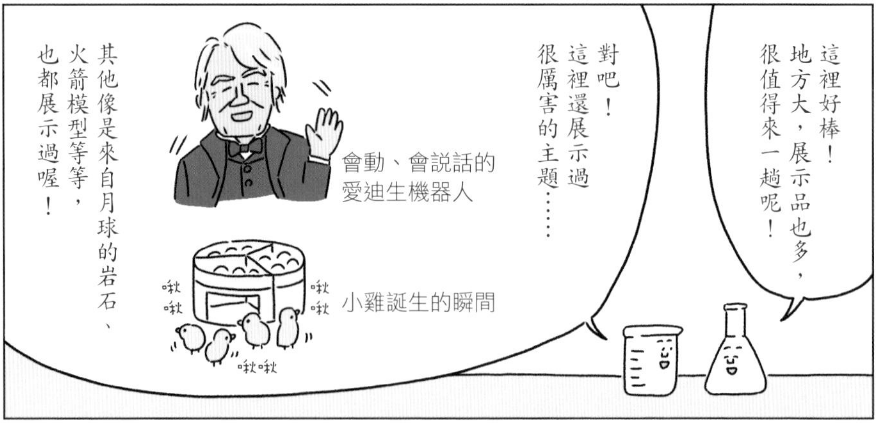
這裡好棒！地方大，展示品也多，很值得來一趟呢！
對吧！這裡還展示過很厲害的主題……
會動、會説話的愛迪生機器人
小雞誕生的瞬間
啾啾 啾啾 啾啾
其他像是來自月球的岩石、火箭模型等等，也都展示過喔！

那麼，今天就到此結束……
等等！最後來看看這裡～
咦？
一樓的博物館商店也不能錯過!!
這裡除了有實驗套組、書籍，還有燒杯君周邊商品專區喔！
燒杯君和他的小夥伴
最後是宣傳嗎？

採訪後記

科學技術館二樓的「製造工作室」裡，擺放著3D列印機、雷射加工機等各式各樣的機器，但這些機器的用途不只是展示，館員還利用它們製作了科學技術館的部分展品！會想到要自己製作展品，而且還真的做了出來，這些館員的技術能力真是令人佩服。

燒杯君備忘錄

▼科學技術館除了展示品之外，也會舉辦實驗秀，還有動手作教室喔！

輕輕鬆鬆四格漫畫

燒杯君和他的夥伴

閃亮登場
科學技術館裡其實還有其他厲害的東西。就是這個!!
咦，電梯嗎？
沒錯！以載人的電梯來說，可是日本第一呢！
可容納的人數多達124人!!
如果換算成燒杯呢？
咦，燒杯？我想想，是多少個呢？
我先走一步嘍～
等等，我也要搭!!
平常是不能搭的，敬請見諒……
聽說科學技術館出現在這部電影裡喔。
DVD
哇，我想看，我想看!!
興奮
興奮
電視
啊，這裡!!
哇～這裡是科學技術館的一樓!!
我們有經過這條走廊。
啊，建築物也拍到了
為什麼在電視上看到認識的地方會這麼興奮呢？
這種興奮的現象，有什麼名稱嗎？

COLUMN 3

愉快的（？）在雨中測量雨量

文／山村紳一郎

氣象觀測裝置在理化儀器中，特別令人感到興奮。我在高中參加社團活動時，每天都會進行氣象觀測（月底還會向地方氣象台報告……對此相當自豪），所以觀測裝置也是我的青春回憶。

其中，儲水型雨量計團隊更是令人充滿懷念的裝置。測量降雨量時，必須將承雨器的上半部拆下，拿出儲水桶，將儲存的雨水倒入雨量筒，透過刻度判斷降雨量是多少mm，再將數值寫在筆記本上……這項作業說起來平凡無奇，但颱風或下大雨時，就變成全身濕淋淋的理化酷刑（笑）。筆記本也因為淋濕而無法書寫，只好在戶外觀測坪（設置擺放觀測儀器百葉箱的地方）將數值與其他觀測記在腦海裡。如果當時的氣溫是18.7℃，氣壓是1008毫巴（當時的氣壓單位是毫巴），降雨量是12.9mm，就必須把這些數字變成類似「氣溫187，氣壓08，降雨129」之類的口訣，一邊像念佛一樣複誦著，一邊衝進校舍裡。但理所當然的（笑）途中會遇到同學來打招呼，結果忘掉了數值，只好在大雨之中垂頭喪氣的折返觀測坪……接下來就是無止盡的輪迴……淚。

此外，就如同第10話介紹的，雨量筒是和量筒非常相似的玻璃製器材，弄倒會破裂這點也一模一樣。某天，有人不小心弄破雨量筒（不是我喔～），於是慌慌張張從實驗室拿出量筒來測量，心想「形狀差不多，應該無所謂吧～」，結果量出了離譜的數值……。降雨量是落到地面的雨水累積的深度，和單純測量體積有點不同。雨量筒的刻度，是根據直徑20cm的承雨器所收集到的雨水深度標示，因此不需要換算，但量筒的刻度代表的是體積，所以有換算的必要。連這點都不理解就急就章的自己，可說是「犯下了年輕才會犯的錯」。

還有另一段記憶，當時自己為了省去將雨水倒入雨量筒的作業，曾想用料理秤測量儲水桶的重量，再換算成雨量（未完成）。在理解傾斗式自動雨量計的原理後，也曾試著自己製作（結果當然失敗了）。會想這些辦法都是為了讓觀測更簡便，可見在雨中進行氣象觀測是多麼討厭的事呀（↓對我）。

CHAPTER 4

前往泥盆老師的實驗室

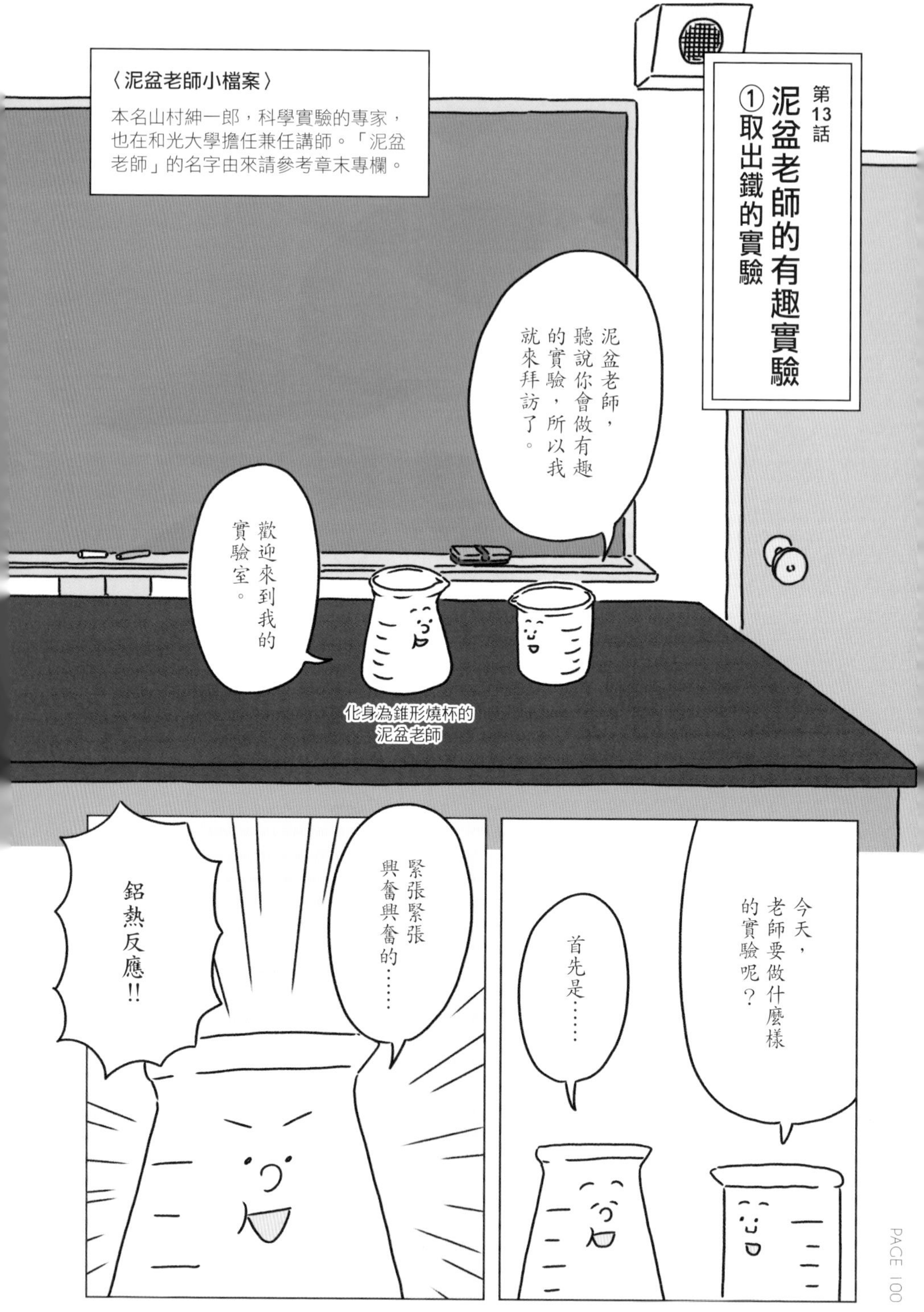
第13話
泥盆老師的有趣實驗
①取出鐵的實驗
〈泥盆老師小檔案〉
本名山村紳一郎，科學實驗的專家，也在和光大學擔任兼任講師。「泥盆老師」的名字由來請參考章末專欄。
泥盆老師，聽說你會做有趣的實驗，所以我就來拜訪了。
歡迎來到我的實驗室。
化身為錐形燒杯的泥盆老師
今天，老師要做什麼樣的實驗呢？
首先是……
緊張緊張興奮興奮的……
鋁熱反應!!

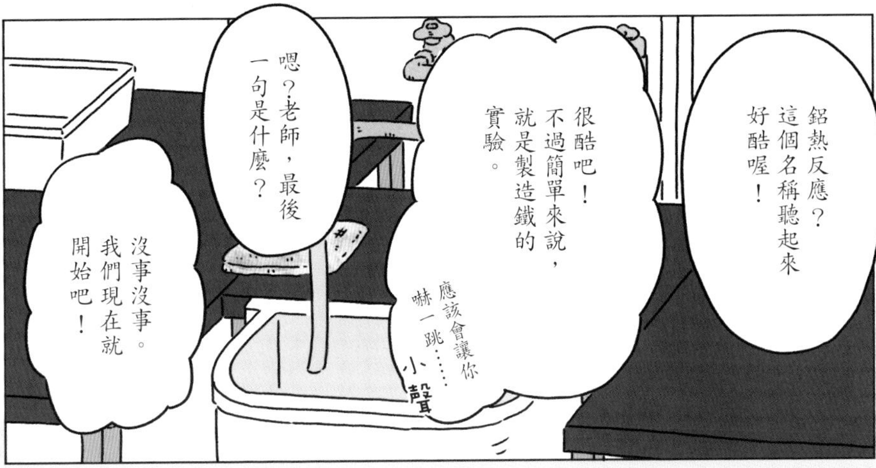
鋁熱反應？這個名稱聽起來好酷喔！
很酷吧！不過簡單來說，就是製造鐵的實驗。
應該會讓你嚇一跳……
小聲
嗯？老師，最後一句是什麼？
沒事沒事。我們現在就開始吧！

「鋁熱反應」的實驗方法

氧化鐵
鋁

❶將氧化鐵和鋁的粉末充分混合。

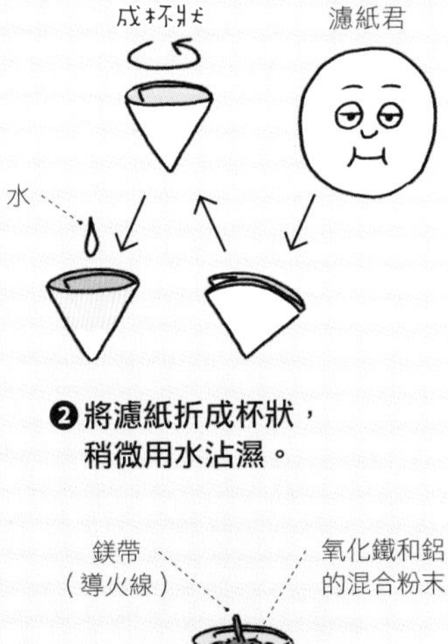
成杯狀
濾紙君
水

❷將濾紙折成杯狀，稍微用水沾濕。

插入

❸在濾紙中倒入步驟❶的粉末，再插入鎂帶。

鎂帶（導火線）
氧化鐵和鋁的混合粉末
三角架
水
濾紙（2張）

❹將實驗器材組合成上圖的樣子，放上步驟❸的濾紙（含粉末），就完成準備了。

那麼要開始嘍！
在鎂帶上點火……
轟
啪嚓
啪嚓
啪嚓
咻——
砰——
啪
啪
啪
哇——!!

燒燒燒燒燒燒燒
鉬
有東西掉下來了!!
砰咚
咕嚕咕嚕咕嚕
沸、沸騰了……
好了，把裡面的反應物拿出來看看吧！
呼～終於平靜了……
咻—
滾出來
咦，這個是……
沒錯！這是鐵！
因為鋁搶走了氧化鐵中的氧，於是形成純粹的鐵。據說反應時的溫度會達到2000℃以上喔！
鋁熱反應
氧化鐵
鋁
反應
鐵
氧化鋁
2000℃以上……!?

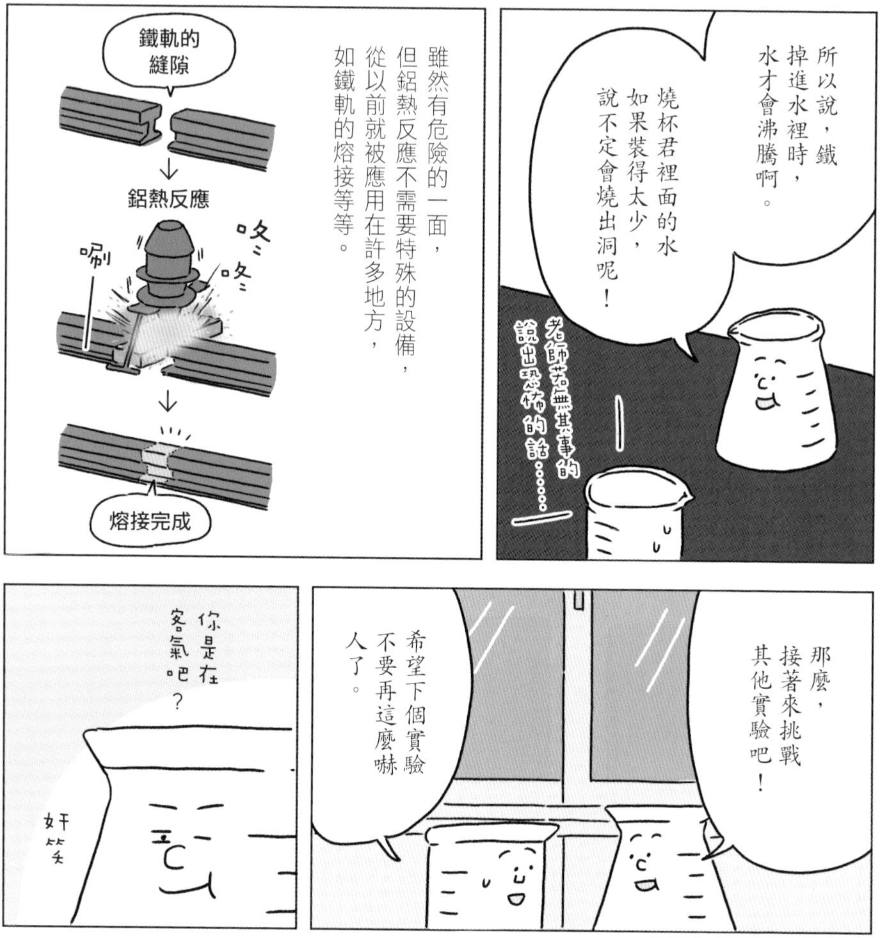
所以說，鐵掉進水裡時，水才會沸騰啊。
燒杯君裡面的水如果裝得太少，說不定會燒出洞呢！
老師若無其事的說出恐怖的話……
雖然有危險的一面，但鋁熱反應不需要特殊的設備，從以前就被應用在許多地方，如鐵軌的熔接等等。
鐵軌的縫隙
鋁熱反應
咚
咚
唰
熔接完成
那麼，接著來挑戰其他實驗吧！
希望下個實驗不要再這麼嚇人了。
你是在客氣吧？
奸笑

採訪後記

「鋁熱反應」的意思代表「鋁和氧化鐵混合物的熱反應」。這個反應也稱為「哥德史密斯法」，名稱來自成功確立這個反應的德國化學家（確立時間大約為19世紀末）。不過，這個實驗伴隨著高溫與爆炸，相當危險。如果實驗不當，可能會把桌子炸出洞來!!

燒杯君備忘錄

▼鐵球滾出來的那一瞬間，稍微有點感動呢！

鋁熱反應

實驗目的

- **從氧化鐵中取出鐵。**

實驗步驟

①混合氧化鐵和鋁的粉末。
②將濾紙折成杯狀，並稍微沾濕。
③將①倒入濾紙中，並插入鎂帶。
④組合器材，在鎂帶上點火。
⑤從反應物中取出鐵。

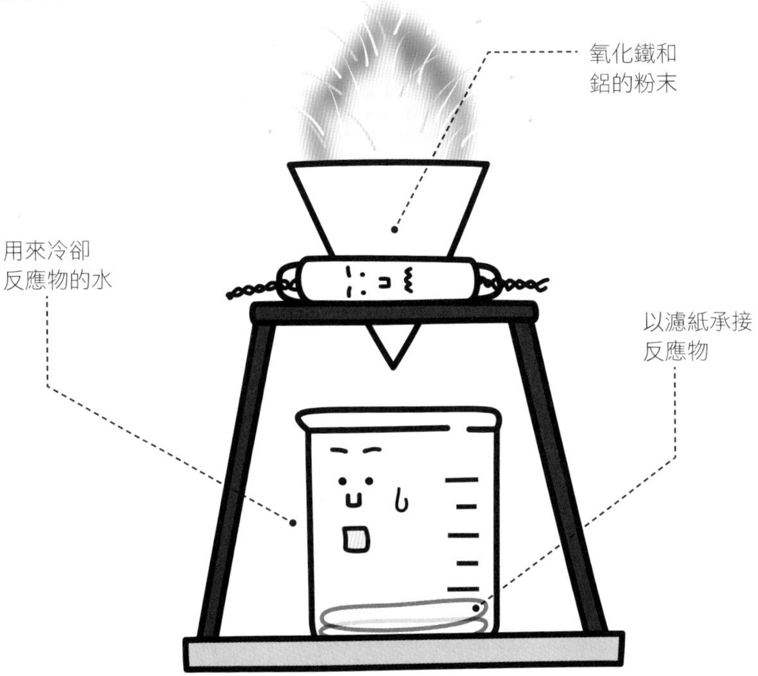
氧化鐵和
鋁的粉末
用來冷卻
反應物的水
以濾紙承接
反應物

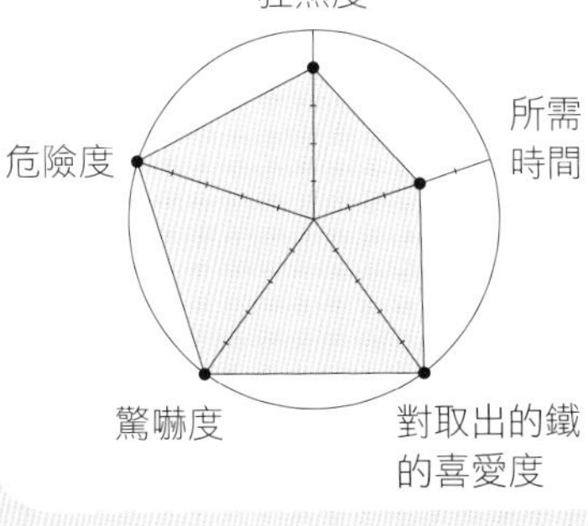
狂熱度
所需
時間
對取出的鐵
的喜愛度
驚嚇度
危險度

一點小小的忠告
Onepoint
Advice

「充分混合
氧化鐵和鋁的粉末，
可以讓實驗
更容易成功喔！」

第14話
泥盆老師的有趣實驗
②把玻璃變成淚滴
接下來，準備了愉快的實驗喔！
是什麼樣的實驗呢？
實驗的名稱是魯伯特之淚!!
簡單說，就是製造強化玻璃的實驗。
剛好適合玻璃製的我呢～
呵呵，沒錯……
？有什麼問題嗎？
沒事，我們立刻開始吧！

「魯伯特之淚」的實驗步驟

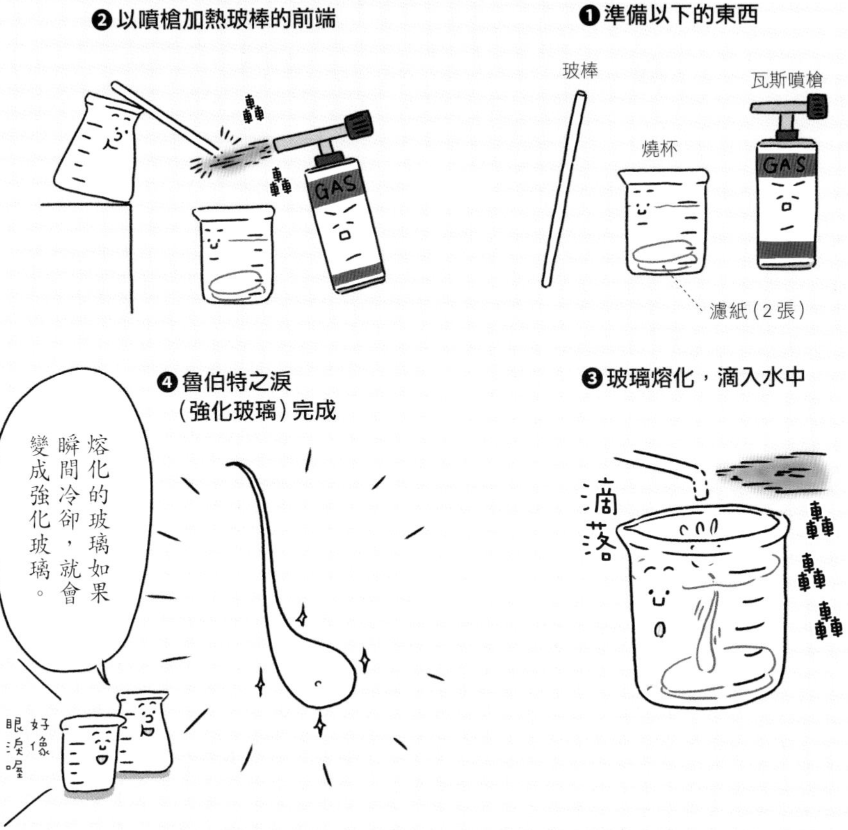
❶準備以下的東西
玻棒
瓦斯噴槍
燒杯
GAS
濾紙（2張）
❷以噴槍加熱玻棒的前端
轟
轟
GAS
❸玻璃熔化，滴入水中
滴落
轟
轟
轟
❹魯伯特之淚（強化玻璃）完成
熔化的玻璃如果瞬間冷卻，就會變成強化玻璃。
好像眼淚喔

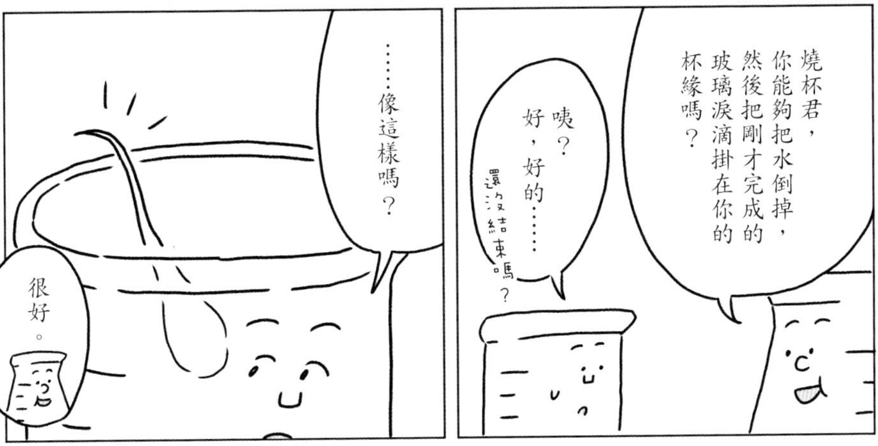
燒杯君，你能夠把水倒掉，然後把剛才完成的玻璃淚滴掛在你的杯緣嗎？
咦？好，好的……
還沒結束嗎？
……像這樣嗎？
很好。

※玻璃會四處飛散，為了避免玻璃碎片飛進眼睛，實驗時務必戴上護目鏡。也要小心避免玻璃割傷手指。

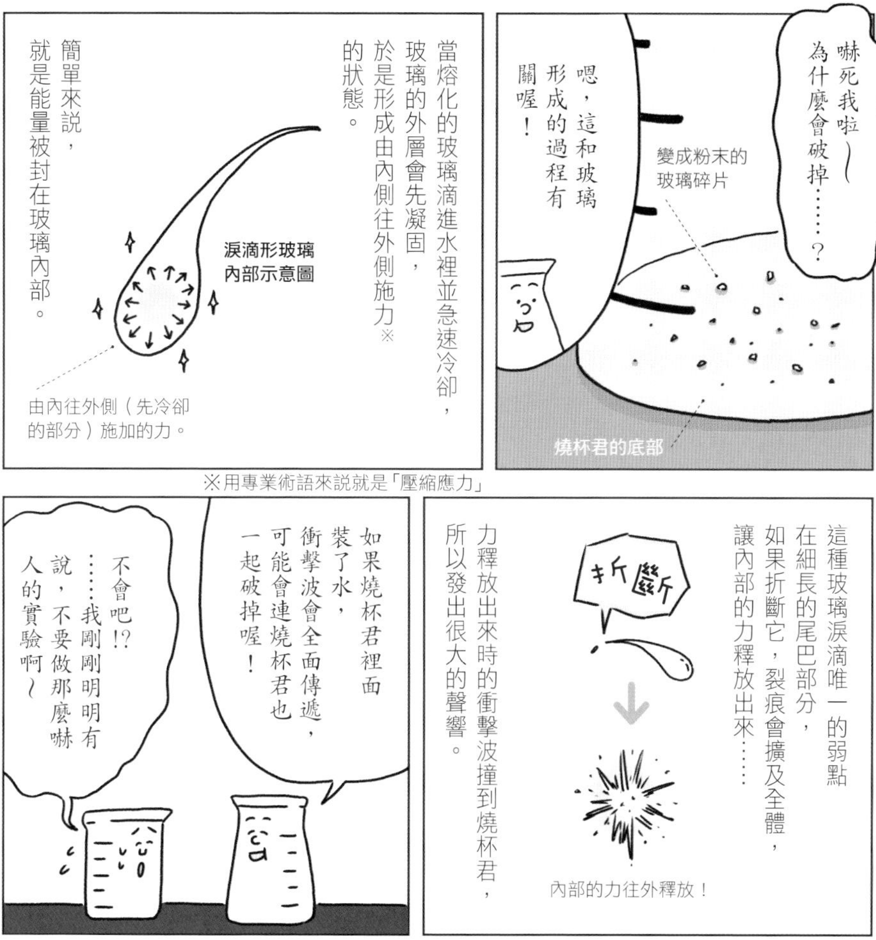
嚇死我啦～為什麼會破掉……？
嗯，這和玻璃形成的過程有關喔！
變成粉末的玻璃碎片
燒杯君的底部
當熔化的玻璃滴進水裡並急速冷卻，玻璃的外層會先凝固，於是形成由內側往外側施力※的狀態。
淚滴形玻璃內部示意圖
由內往外側（先冷卻的部分）施加的力。
簡單來說，就是能量被封在玻璃內部。
這種玻璃淚滴唯一的弱點在細長的尾巴部分，如果折斷它，裂痕會擴及全體，讓內部的力釋放出來……
折斷
內部的力往外釋放！
力釋放出來時的衝擊波撞到燒杯君，所以發出很大的聲響。
如果燒杯君裡面裝了水，衝擊波會全面傳遞，可能會連燒杯君也一起破掉喔！
不會吧!?……我剛剛明明有說，不要做那麼嚇人的實驗啊～

※用專業術語來說就是「壓縮應力」

採訪後記

強化玻璃的強度是普通玻璃的三至五倍。雖然沒有在漫畫中畫出來，但淚滴狀玻璃膨大的部分，就算用鉗子去夾，或用槌子去敲，都會毫髮無傷。不過尾巴的部分輕易就能折斷，讓整塊玻璃碎成粉末。所以，任何人都有弱點吧……

燒杯君備忘錄

▼**強化玻璃常用在汽車或大樓窗戶等各式各樣的地方。**

魯伯特之淚

實驗目的

- **製造強化玻璃，了解強化玻璃的性質。**

實驗步驟

①準備玻棒、裝水的燒杯（放進2張濾紙）、瓦斯噴槍。
②用瓦斯噴槍加熱玻棒的前端。
③讓熔化的玻璃滴入水中。
④魯伯特之淚（強化玻璃）完成。
⑤折斷④的尾部，玻璃會變成粉末。

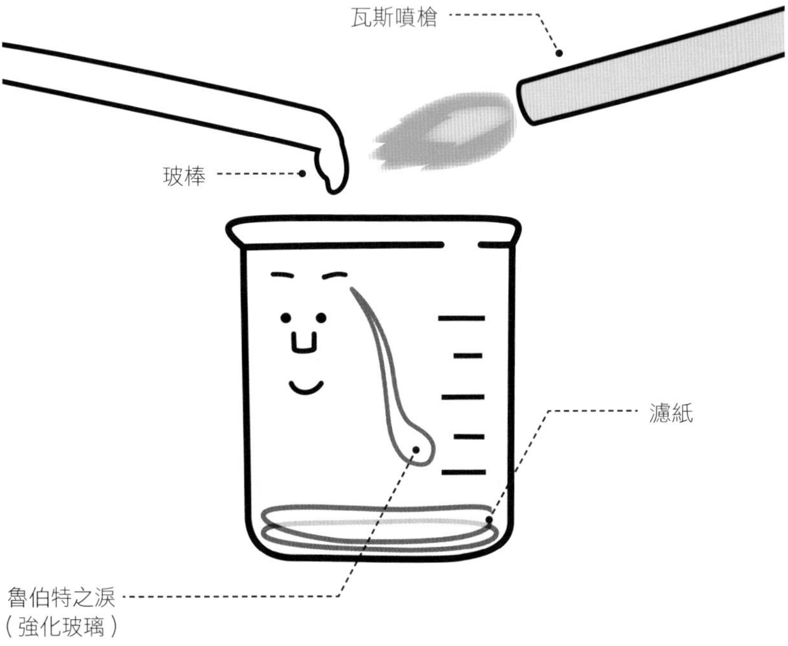
瓦斯噴槍
玻棒
濾紙
魯伯特之淚
（強化玻璃）

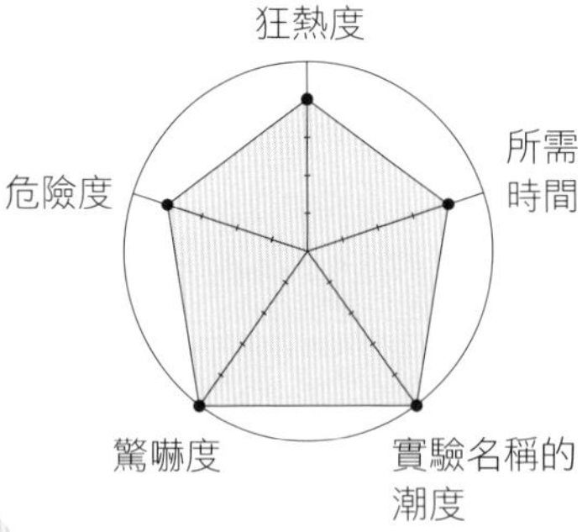
狂熱度
所需
時間
實驗名稱的
潮度
驚嚇度
危險度

一點小小的忠告
Onepoint Advice

「折斷尾部時，

如果位置太靠近末端，

玻璃可能不會變成粉末喔！

多試幾次看看吧！」

輕輕鬆鬆四格漫畫

燒杯君和他的夥伴

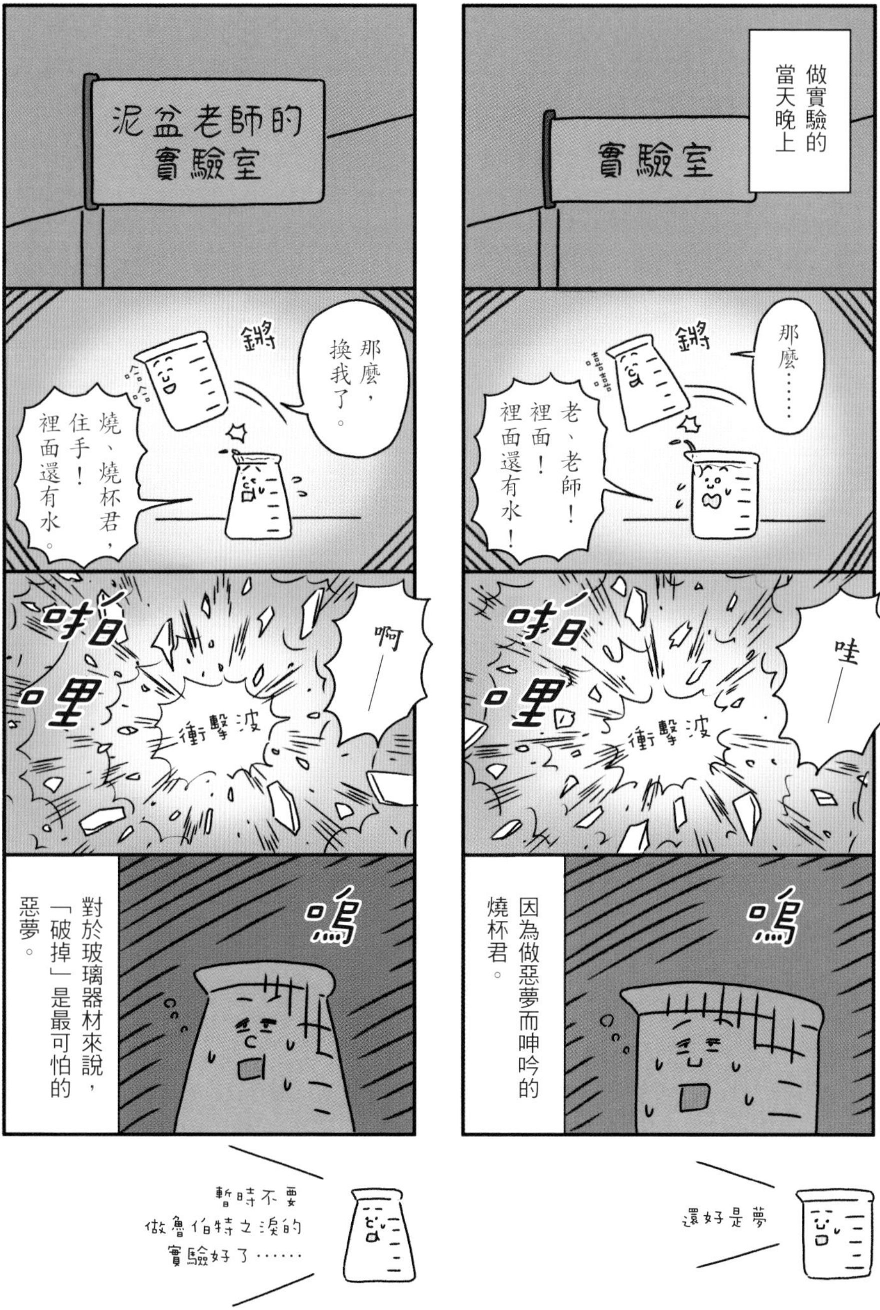
做實驗的當天晚上
實驗室
那麼……
鏘
老、老師！裡面！裡面還有水！
啪哩
哇——
衝擊波
嗚
因為做惡夢而呻吟的燒杯君。
還好是夢
泥盆老師的實驗室
那麼，換我了。
鏘
燒、燒杯君，住手！裡面還有水。
啪哩
啊——
衝擊波
嗚
對於玻璃器材來說，「破掉」是最可怕的惡夢。
暫時不要做魯伯特之淚的實驗好了……

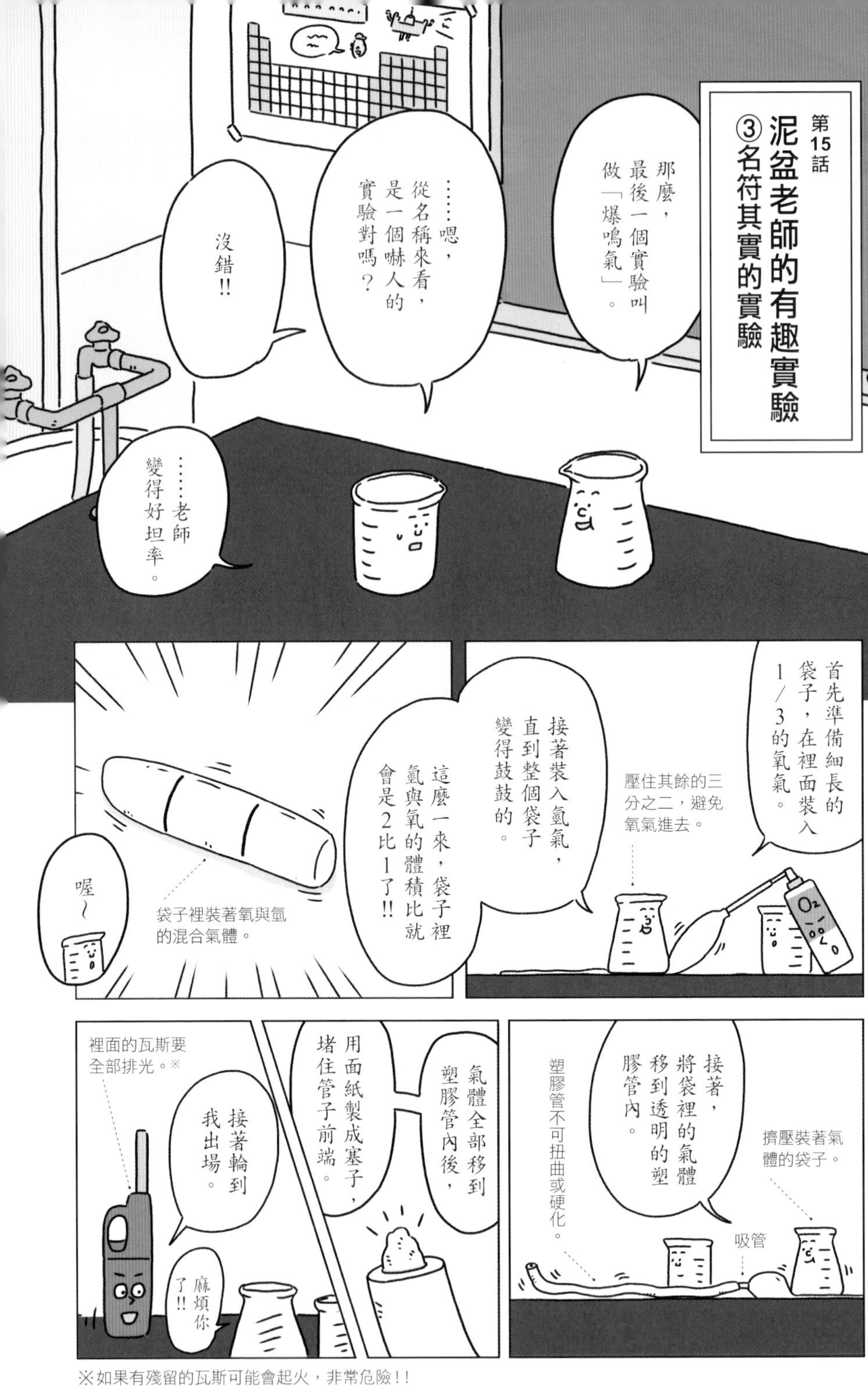
第15話
泥盆老師的有趣實驗
③名符其實的實驗
那麼，最後一個實驗叫做「爆鳴氣」。
……嗯，從名稱來看，是一個嚇人的實驗對嗎？
沒錯!!
……老師變得好坦率。
首先準備細長的袋子，在裡面裝入1／3的氧氣。
壓住其餘的三分之二，避免氧氣進去。
接著裝入氫氣，直到整個袋子變得鼓鼓的。
這麼一來，袋子裡氫與氧的體積比就會是2比1了!!
袋子裡裝著氧與氫的混合氣體。
喔～
接著，將袋裡的氣體移到透明的塑膠管內。
擠壓裝著氣體的袋子。
吸管
塑膠管不可扭曲或硬化。
氣體全部移到塑膠管內後，
用面紙製成塞子，堵住管子前端。
裡面的瓦斯要全部排光。※
接著輪到我出場。
麻煩你了!!

※如果有殘留的瓦斯可能會起火，非常危險!!

插進塑膠管裡……
擠
擠
擠
擠
3、2、1……
開始～
喀嚓
砰
啊
啊
啊
啊
啊
嚇死我了～面紙做的塞子也碎成粉末……
四散的面紙屑
你看看塑膠管裡面。
咦？

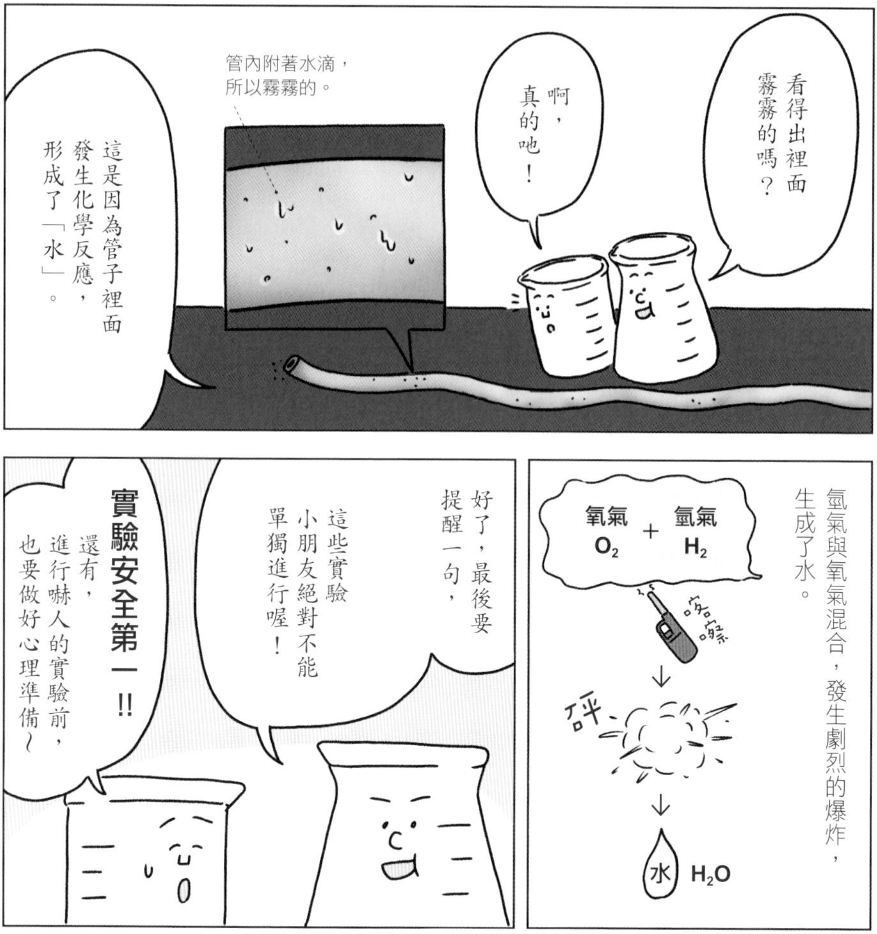
看得出裡面霧霧的嗎？
啊，真的吔！
管內附著水滴，所以霧霧的。
這是因為管子裡面發生化學反應，形成了「水」。
氫氣與氧氣混合，發生劇烈的爆炸，生成了水。
氧氣 O_2 ＋ 氫氣 H_2
喀嚓
砰
水 H_2O
好了，最後要提醒一句，
這些實驗小朋友絕對不能單獨進行喔！
實驗安全第一!!
還有，進行嚇人的實驗前，也要做好心理準備～

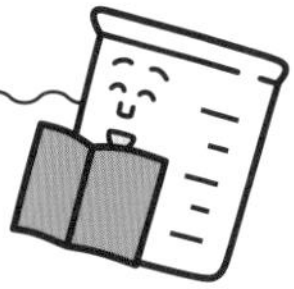

採訪後記

這個實驗在讓氫與氧的混合氣體爆炸時，使用的是排光瓦斯的電子點火器，因為點火器裝有一種叫做「壓電元件」的東西。這個零件能製造出電火花，進而引發氣體爆炸。附帶一提，這次實驗採用的氫氣與氧氣的體積比為2比1，是爆炸最劇烈的比例。發出的聲音就是名符其實的「爆鳴」。

燒杯君備忘錄

▼進行危險的實驗，必須有熟悉實驗的老師陪同，才能確保安全喔！

爆鳴氣點火實驗

實驗目的

- **讓氫氣與氧氣的混合氣體（爆鳴氣）爆炸，製造出水。**

實驗步驟

①將氫氣與氧氣以2：1的比例注入細長的袋子裡。
②將①的氣體移到塑膠管內，管子前端用面紙塞住。
③將排光瓦斯的電子點火器插進管子裡並點火。
④發出爆炸聲的同時會形成水，並附著在管子內側。

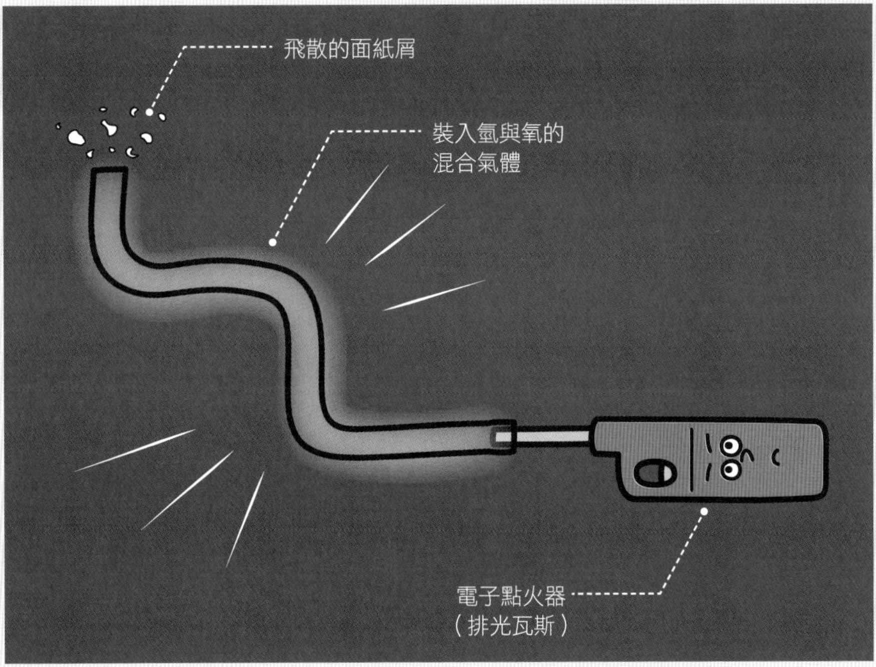
飛散的面紙屑
裝入氫與氧的
混合氣體
電子點火器
（排光瓦斯）

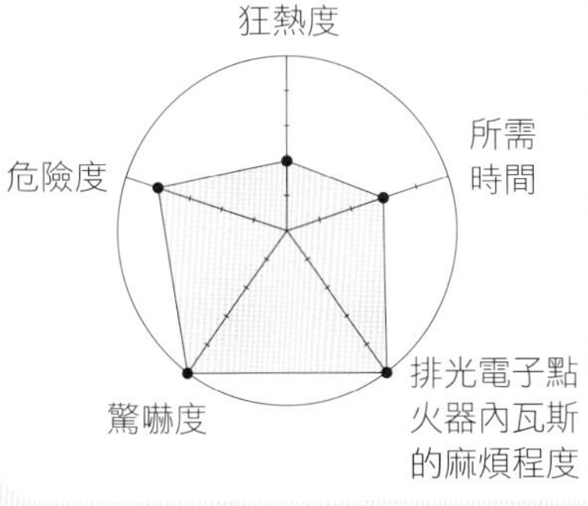
狂熱度
所需
時間
危險度
驚嚇度
排光電子點
火器內瓦斯
的麻煩程度

一點小小的忠告
Onepoint
Advice

「準備裝入混合氣體的
細長袋子上，
可事先畫線，
把袋子分成三等分。」

COLUMN 4

可愛的實驗室

文／山村紳一郎

理化實驗室有著獨特氣氛不是嗎？空氣中微微飄散著藥品的味道、恆溫槽與滅菌器持續發出運轉的嗡嗡聲、擺放在器材架上閃閃發光的實驗器材、貼在牆壁上的週期表與「禁止飲食」的貼紙（其實我曾經在實驗室裡吃飯……反省中）……。附帶一提，我所在的這間大學實驗室裡還貼著地質年代表，我的綽號「泥盆」，就來自地質年代中的泥盆紀，因為我非常喜歡在這個年代大肆活躍（？）的三葉蟲。

回到實驗室……早晨剛開門、還沒開始準備工作，實驗室裡沒有其他任何人，我經常沉醉在這時的獨特氣氛裡，也經常因為太過沉醉而開始打瞌睡，結果變成來不及準備。這是我的小祕密。

我從小學就很喜歡這種氣氛，但無論過去或現在，比起在學校實驗室，我更常在自家茶水間或自己的書桌上偷偷摸摸做實驗。某天我讀到19世紀的偉大科學家兼實驗家詹姆斯·焦耳的傳記，就更加嚮往自家實驗室了。

焦耳的名字變成熱量單位「J（焦耳）」流傳後世，由此可知他在熱力學領域留下了偉大成就。但他原本並非研究者，最早從事的是家裡經營的釀造業……換句話說就是釀酒。後來他把「家裡的一個房間改造成實驗室」，在從事本業的空檔中致力於實驗。釀造的學問屬於生物化學的一環，無論要湊齊或製作實驗儀器，應該都很方便吧？而且一邊釀酒一邊做實驗……是多麼棒的一件事啊！因此焦耳自宅裡的實驗室深深吸引著我（附帶一提，嚴禁邊喝酒邊做實驗，因為會失敗……這是前人的血淚談）。

其他留名歷史的科學家，還有不少人會在自家做實驗，最近在家裡進行遺傳工程實驗的強者也隨處可見。我覺得只要在操作時充分留心，在自己家中做實驗並不是太過特別的事，料理或最近流行的DIY、業餘木工等，也稱得上是一種實驗。不過如果可以的話，實驗器材與餐具不要混在一起，最好收在不同的櫃子（雖然我是收在紙箱）。這樣的話，可以看著擺放整齊的實驗器材，一個人露出滿足的笑容（喂，不要發呆了，快去做實驗～↓給自己的話）。

CHAPTER 5
前往巨大的實驗機構

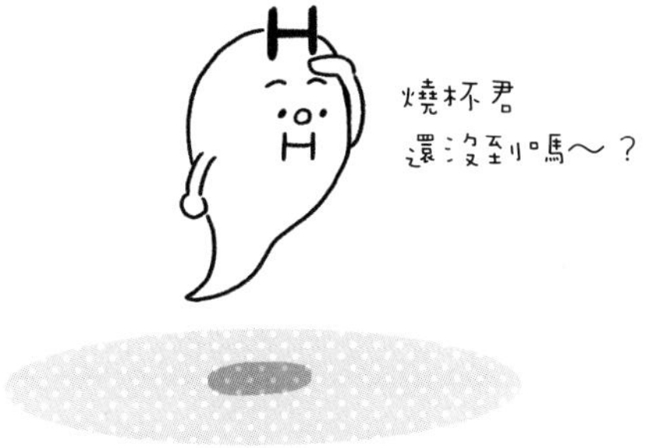

第16話 研究全新發電方法的地方

採訪地點／**核融合科學研究所**
採訪日期／2020年7月

為大學研究者設置的研究機構，進行最尖端的研究，譬如實現環保目標的「核融合發電」等。

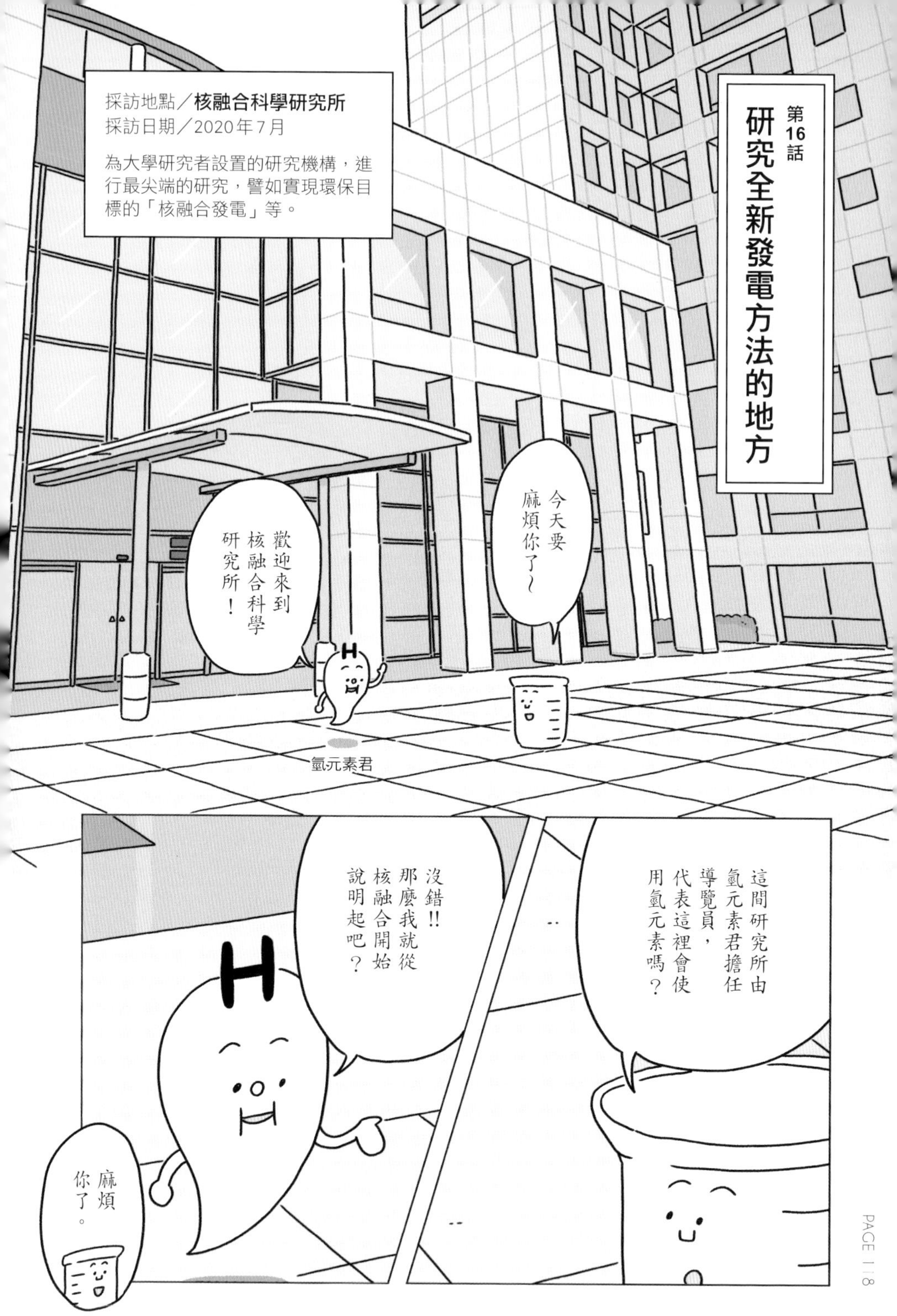
今天要麻煩你了~
歡迎來到核融合科學研究所！
氫元素君
這間研究所由氫元素君擔任導覽員，代表這裡會使用氫元素嗎？
…
沒錯!! 那麼我就從核融合開始說明起吧？
麻煩你了。

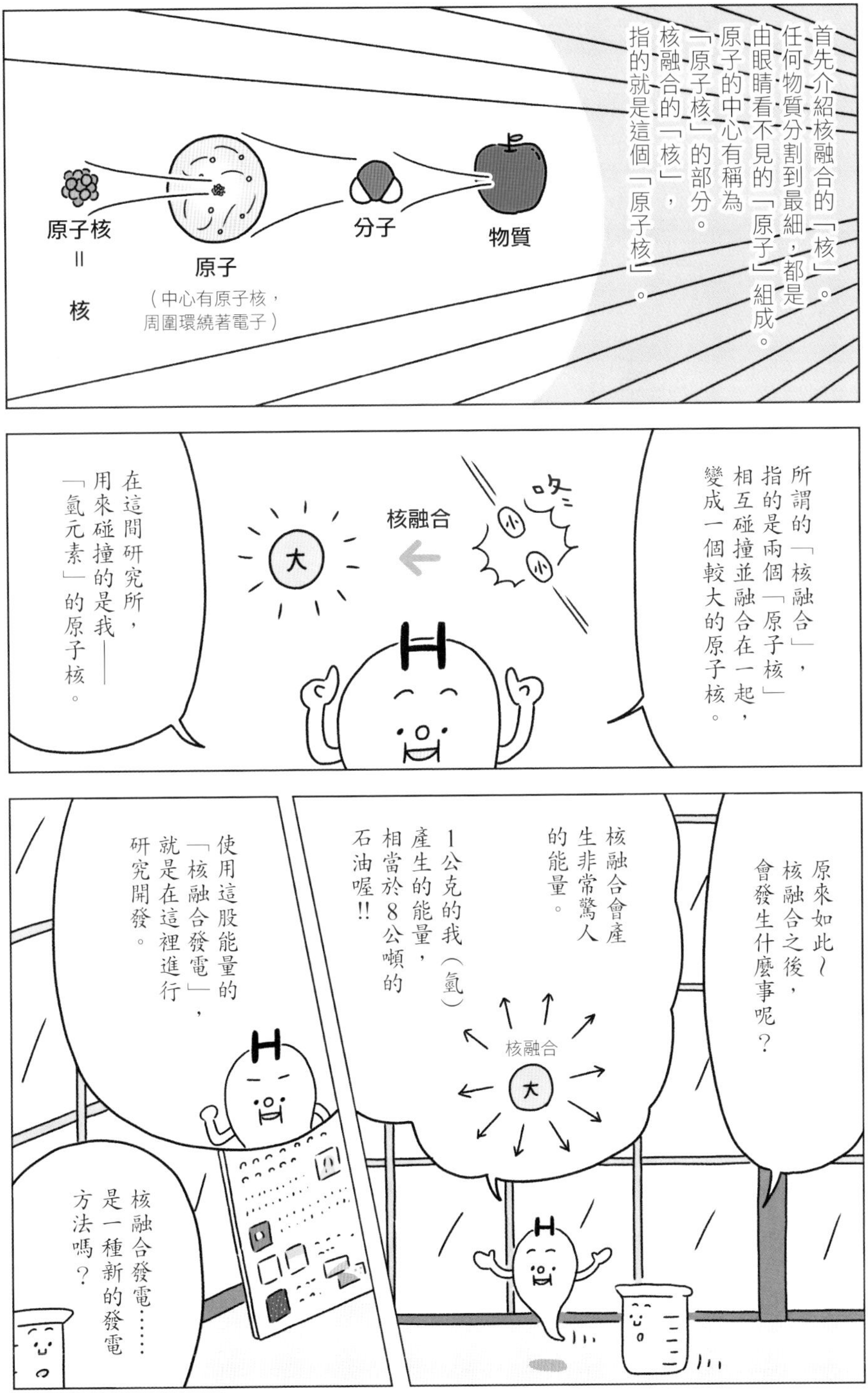
首先介紹核融合的「核」。
任何物質分割到最細，都是由眼睛看不見的「原子」組成。
原子的中心有稱為「原子核」的部分。
核融合的「核」，指的就是這個「原子核」。
物質
分子
原子
（中心有原子核，周圍環繞著電子）
原子核
＝
核
所謂的「核融合」，指的是兩個「原子核」相互碰撞並融合在一起，變成一個較大的原子核。
咚
小
小
核融合
大
在這間研究所，用來碰撞的是我——「氫元素」的原子核。
原來如此～核融合之後，會發生什麼事呢？
核融合會產生非常驚人的能量。
1公克的我（氫）產生的能量，相當於8公噸的石油喔!!
核融合
大
使用這股能量的「核融合發電」，就是在這裡進行研究開發。
核融合發電……是一種新的發電方法嗎？

沒錯！這裡就是要開發新的發電方法。
目標是在2050年左右實現。
哇！那還要很久啊！
不過，就算這麼辛苦，卻是值得花時間開發的技術喔!!

核融合發電的厲害之處

燃料來自海水※

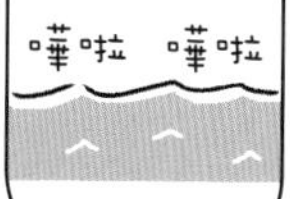
嘩啦 嘩啦

↓

不需要擔心資源枯竭

↕

火力發電的燃料有限。

不會排出二氧化碳

↓

保護環境

↕

火力發電會排出CO_2而加速全球暖化。

不會失控爆炸

轟轟

↓

安全性高

↕

現在的核能發電需要管理輻射物質。

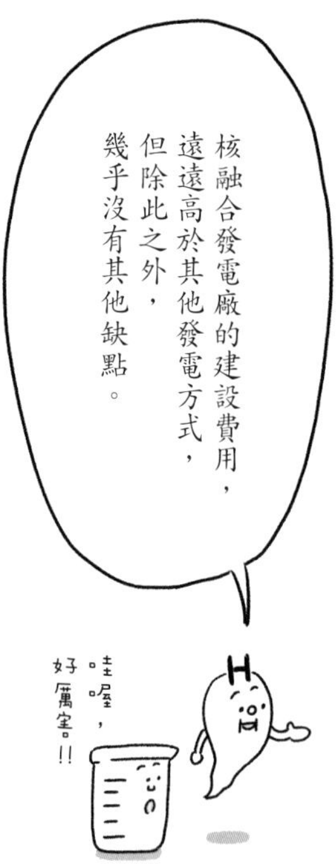
核融合發電廠的建設費用，遠遠高於其他發電方式，但除此之外，幾乎沒有其他缺點。
哇喔，好厲害!!

※正確來說，是從海水萃取出氫與鋰作為燃料。

核融合發電原理示意圖

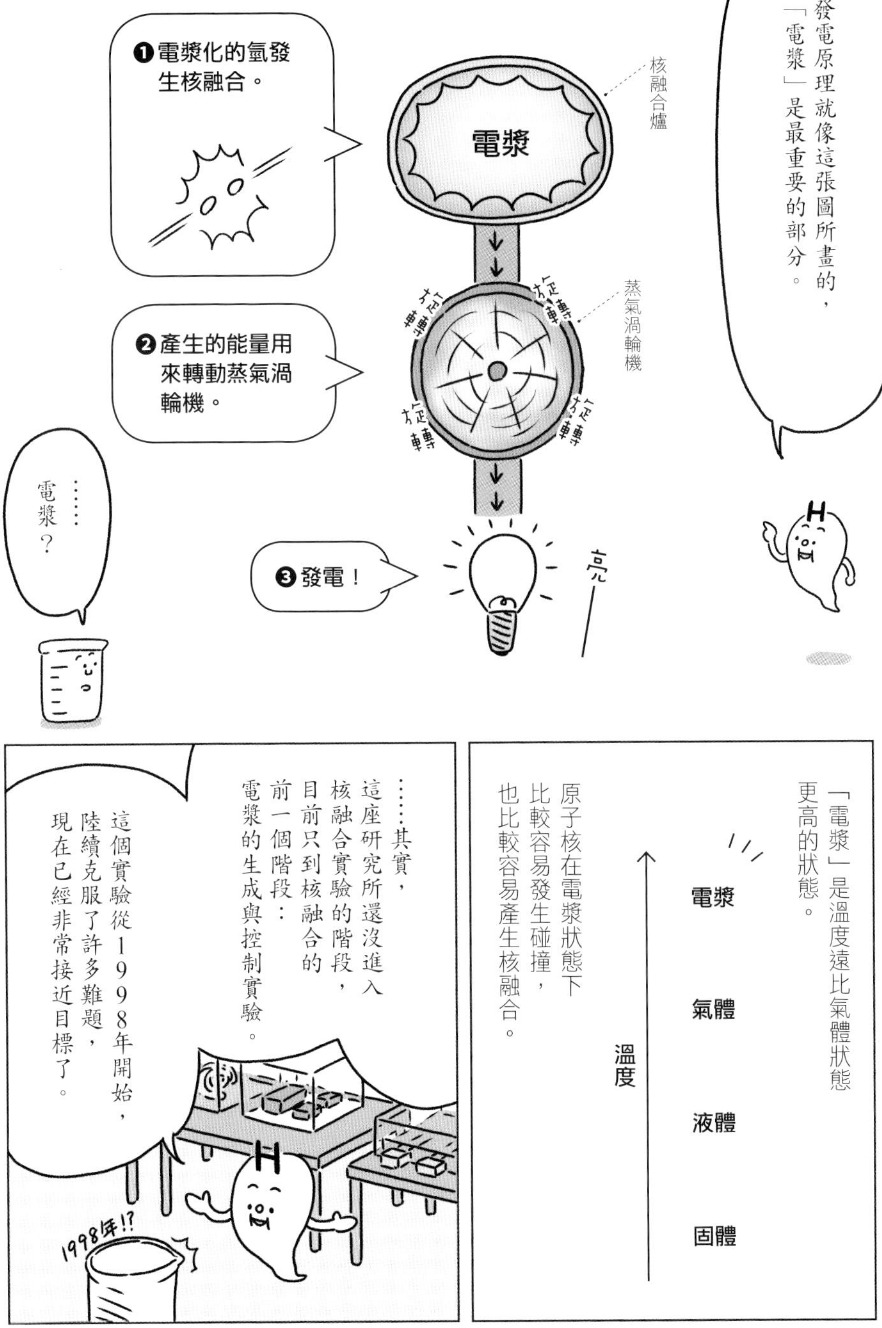
發電原理就像這張圖所畫的，「電漿」是最重要的部分。
❶電漿化的氫發生核融合。
核融合爐
電漿
❷產生的能量用來轉動蒸氣渦輪機。
蒸氣渦輪機
旋轉
旋轉
旋轉
旋轉
❸發電！
亮—
……電漿？
「電漿」是溫度遠比氣體狀態更高的狀態。
電漿
氣體
液體
固體
溫度
原子核在電漿狀態下比較容易發生碰撞，也比較容易產生核融合。
……其實，這座研究所還沒進入核融合實驗的階段，目前只到核融合的前一個階段：電漿的生成與控制實驗。
這個實驗從1998年開始，陸續克服了許多難題，現在已經非常接近目標了。
1998年!?

接下來，要為你介紹電漿實驗的設備。
不過在這之前，先帶你去看看那個房間裡的東西。
……這是什麼？
PLASMA SIMULATOR
這是超級電腦!!
一靠近來看，才知道好大，而且有好多喔～
這裡的電腦，全都是用來輔助核融合發電研究的喔！
PLASMA SIMULATOR
雷神
RAIJIN

電漿模擬器雷神

2020年7月啟用的超級電腦，專門用在電漿核融合領域。每秒可進行1京500兆次計算，具有全球最高水準的演算性能。

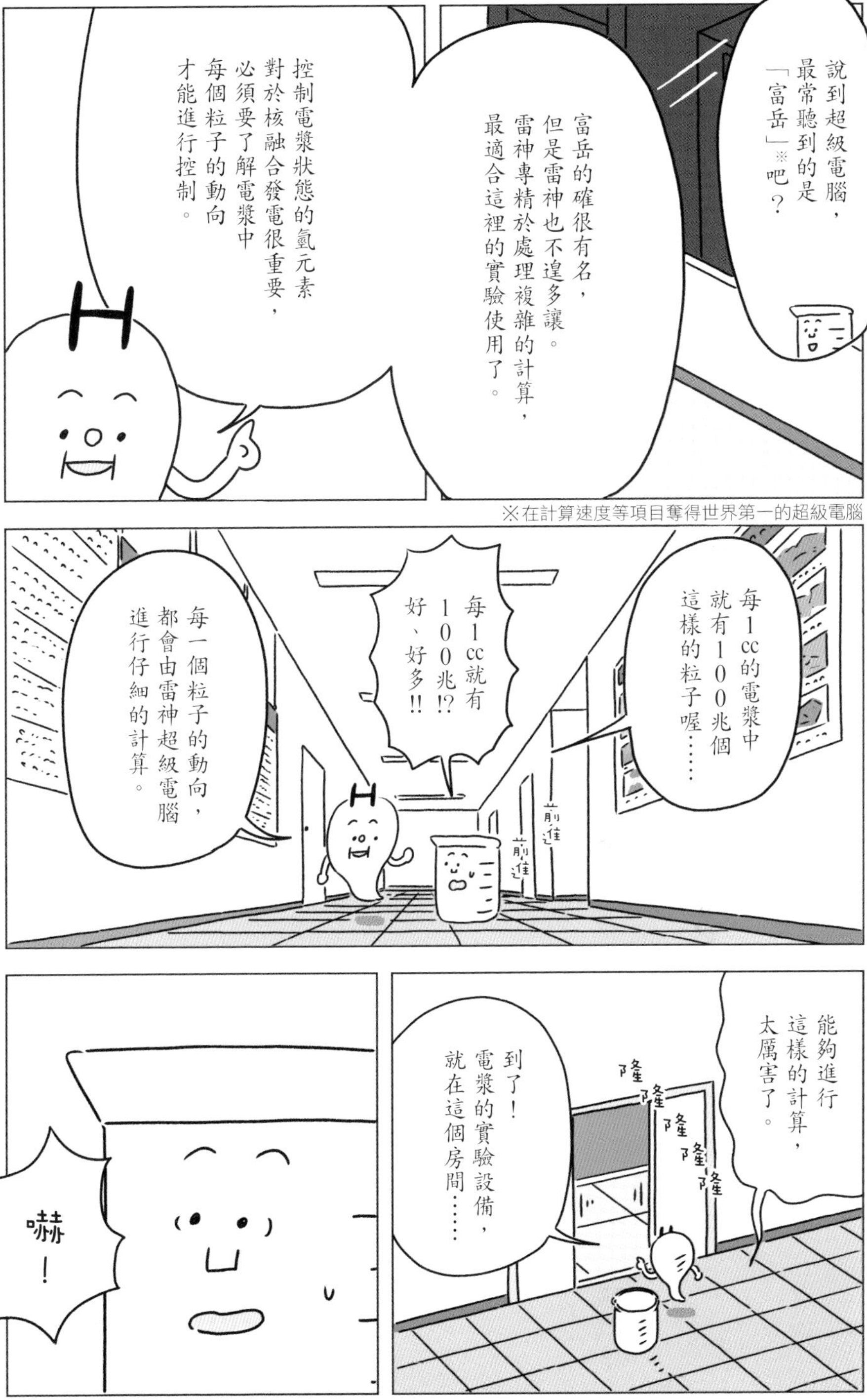
說到超級電腦，最常聽到的是「富岳」※吧？
富岳的確很有名，但是雷神也不遑多讓。雷神專精於處理複雜的計算，最適合這裡的實驗使用了。
控制電漿狀態的氫元素對於核融合發電很重要，必須要了解電漿中每個粒子的動向才能進行控制。
每1cc的電漿中就有100兆個這樣的粒子喔……
每1cc就有100兆!?好、好多!!
每一個粒子的動向，都會由雷神超級電腦進行仔細的計算。
前進
前進
能夠進行這樣的計算，太厲害了。
到了！電漿的實驗設備，就在這個房間……
隆隆隆隆隆
嚇！

※在計算速度等項目奪得世界第一的超級電腦

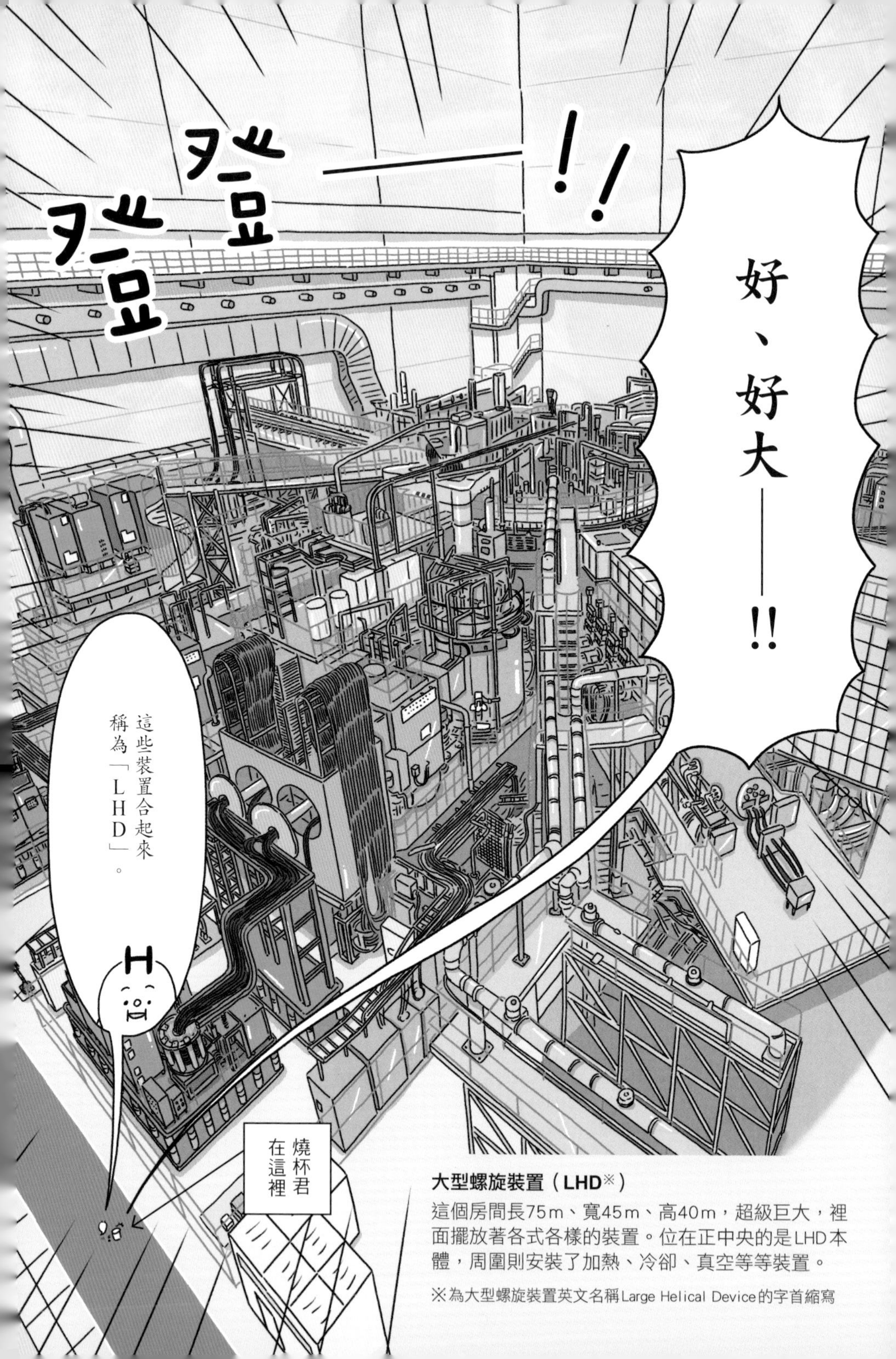
登
登——!!
好、好大——!!
這些裝置合起來稱為「LHD」。
燒杯君在這裡

大型螺旋裝置（LHD※）

這個房間長75m、寬45m、高40m，超級巨大，裡面擺放著各式各樣的裝置。位在正中央的是LHD本體，周圍則安裝了加熱、冷卻、真空等等裝置。

※為大型螺旋裝置英文名稱Large Helical Device的字首縮寫

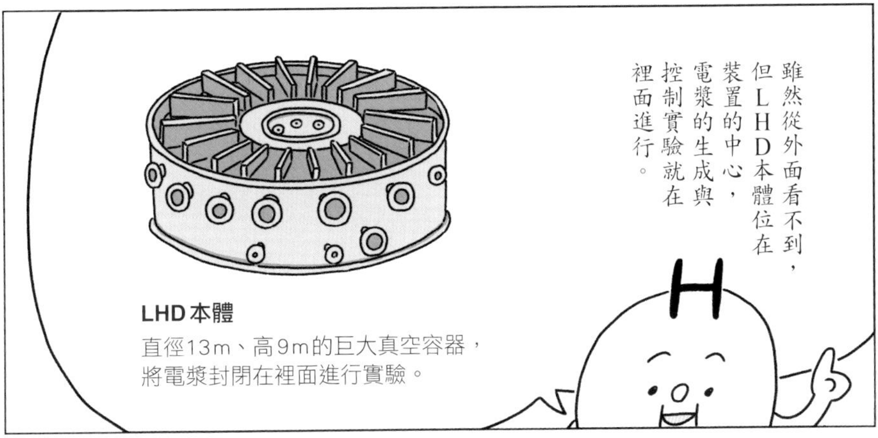
雖然從外面看不到，但ＬＨＤ本體位在裝置的中心，電漿的生成與控制實驗就在裡面進行。
LHD本體
直徑13m、高9m的巨大真空容器，將電漿封閉在裡面進行實驗。

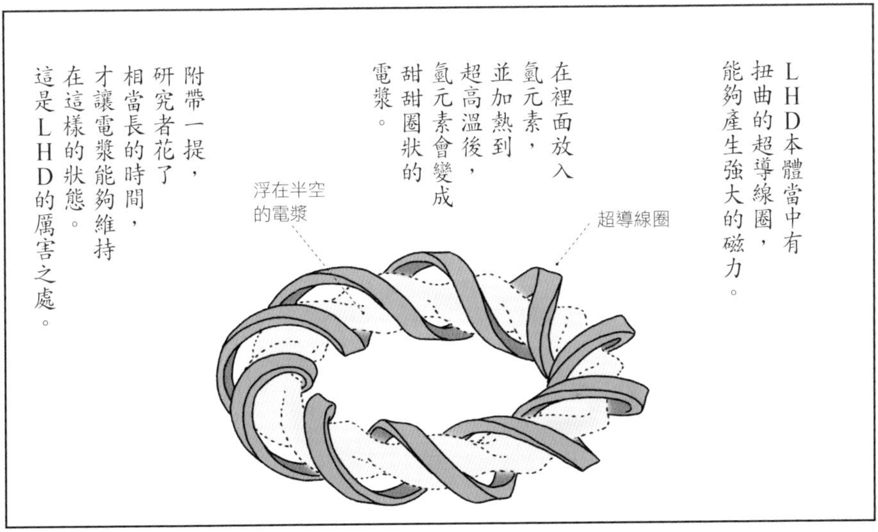
ＬＨＤ本體當中有扭曲的超導線圈，能夠產生強大的磁力。
在裡面放入氫元素，並加熱到超高溫後，氫元素會變成甜甜圈狀的電漿。
附帶一提，研究者花了相當長的時間，才讓電漿能夠維持在這樣的狀態。這是ＬＨＤ的厲害之處。
浮在半空的電漿
超導線圈

具體的實驗內容像是改變電漿的加熱方法，或調整內部機器的材質等，並觀測改變條件後，電漿的相關數據會如何變化。
……實驗的規模好大。

附帶一提，一年當中只有三到四個月的時間，能進行使用LHD裝置的實驗。
好短喔～
因為裝置需要時間進行改良與維護啊。還有，超導線圈需要一個月才能冷卻，回到常溫。
研究者就是根據這樣的條件下取得的數據，來設計將來的核融合發電裝置。
接著是這裡。
哇！
這裡是LHD裝置的控制室，共有300台電腦喔！
好震撼～
99-12-14 TUE
17:59:18
161168
是啊。這個房間也被用來拍攝連續劇呢。
太厲害了!!

目前為止，我們已經參觀了許多實驗設備。
多虧了這些實驗設備，電漿的溫度與密度已經分別達成性能目標了。
電漿的性能目標
溫度：1億2000萬℃
密度：每1cc有100兆個粒子
合格
不過，這些目標還無法同時達成。今後會朝著同步達成的方向繼續努力。
這樣啊！我很期待核融合發電實現的那一天！
希望到時候我還沒破掉……
燒杯君也朝著未來加油吧!!

採訪後記

電漿實驗的心臟「LHD本體」非常敏感，即使只有一根頭髮掉進裝置裡，都會影響實驗結果。因此維護裝置時必須穿上無塵衣，並且非常仔細小心。實際採訪的當下，我也曾穿著無塵衣進入裝置裡，但記得自己相當緊張，深怕造成不良影響。

燒杯君備忘錄

▼只要事先申請就能參觀核融合科學研究所。一起去看看最尖端的研究吧!!

第17話
捕捉微中子的地方
採訪地點／**東京大學宇宙射線研究所**
超級神岡探測器
採訪日期／2020年11月
2015年獲頒諾貝爾物理學獎的梶田隆章博士進行實驗的機構。為了揭開「微中子」這種基本粒子的全貌而進行研究。
超級神岡探測器實驗區域
Super-Kamiokande Experimental Area
No Smoking
這裡就是超級神岡探測器的入口嗎？感覺好像洞穴～
因為這裡是利用神岡礦山的坑道打造而成的啊※。這可是世界最大的地下微中子實驗設施呢～
光電倍增管君
（觀測微中子必要的光電感測器）

※超級神岡探測器的詳細場址並未公布

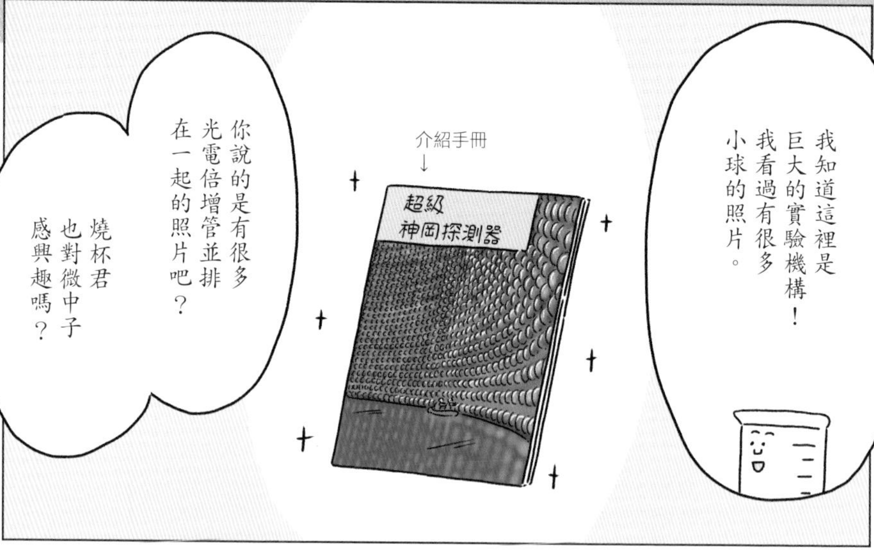
我知道這裡是巨大的實驗機構！我看過有很多小球的照片。
介紹手冊
↓
超級
神岡探測器
你說的是有很多光電倍增管並排在一起的照片吧？
燒杯君也對微中子感興趣嗎？

……啊，不，我其實不太清楚微中子是什麼。只覺得照片看起來很酷。
昏倒
好，那麼首先就從微中子開始說明吧！
站起
麻煩你了。

微中子

一種非常微小的粒子，為「基本粒子」之一。由太陽等星體產生※1並落到地球上。無論在地球還是在宇宙中，都大量存在。

※1 地球內部或核反應爐等也會製造微中子

微中子的名稱是「電中性」（不帶電）與「微小」兩個字詞的組合喔！

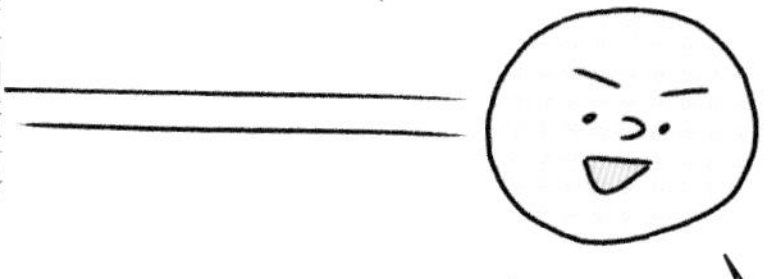

又名「幽靈粒子」

能夠穿透任何物體，而且不造成影響，因此幾乎感覺不到。

←每秒有數百兆個微中子會穿透人體喔！

謎團重重

目前已知微中子的質量是電子的100萬分之1以下，但正確的數值仍然未知，也沒有人知道它為什麼這麼輕。它的性質仍有許多謎團。

諾貝爾物理學獎

- 小柴博士在1987年使用神岡探測器※2觀測到來自超新星爆炸的微中子，並在2002年獲頒諾貝爾獎。
- 梶田博士在1998年透過超級神岡探測器的實驗，發現微中子具有質量，並在2015年獲頒諾貝爾獎。

小柴昌俊博士

梶田隆章博士

※2 超級神岡探測器的前身

雖然剛才說，微中子能夠穿透任何物體，但在極少數的情況下，也會撞到其他物質。
咻
咻
咻
咻
咚
超級神岡探測器就是利用這種現象，進行微中子的觀測。
具體做法是準備大量的水，等待微中子來碰撞。
……水量是5萬公噸。
5萬公噸!?
不過，就算準備了這麼多水，大概一小時也只能觀測到一個微中子。
微中子還沒出現嗎～
哇——真是驚人！
附帶一提，燒杯君一開始提到的照片，是水槽放水後的模樣。
喔，原來那是水槽啊！
那麼，首先就用這張海報來說明我們如何觀測微中子吧！
超級神岡探測器
好——

超級神岡探測器的結構

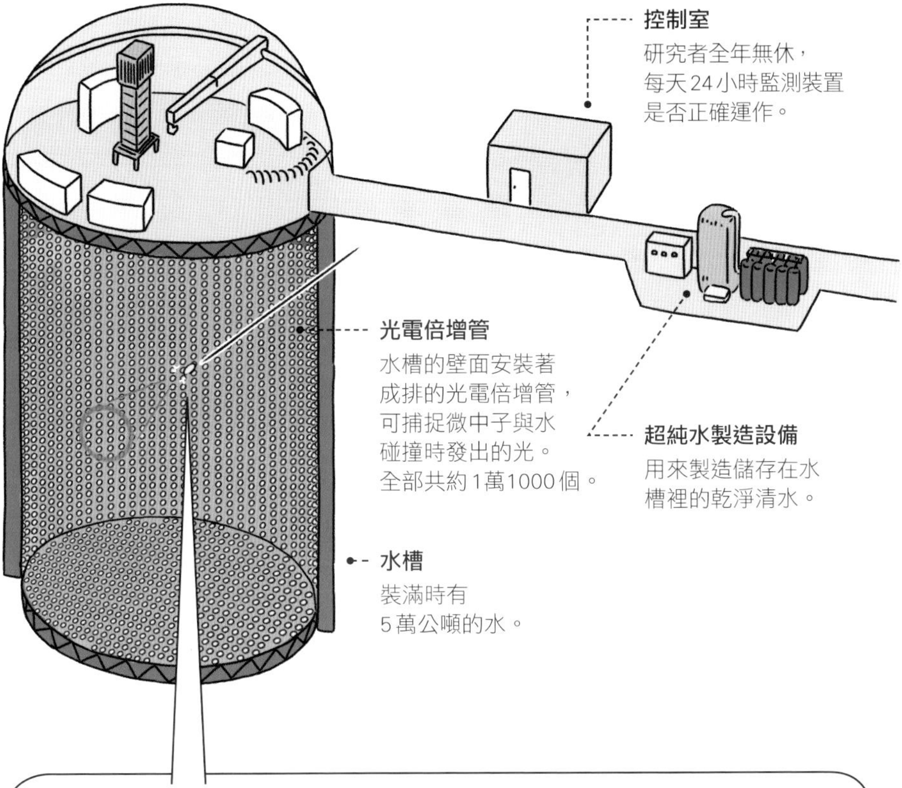
控制室
研究者全年無休，
每天24小時監測裝置
是否正確運作。
光電倍增管
水槽的壁面安裝著
成排的光電倍增管，
可捕捉微中子與水
碰撞時發出的光。
全部共約1萬1000個。
超純水製造設備
用來製造儲存在水
槽裡的乾淨清水。
水槽
裝滿時有
5萬公噸的水。

觀測微中子的方法

①微中子碰撞到水槽裡的水。
↓
②飛出帶電粒子。
↓
③發出名為「契忍可夫輻射」的環狀光。
↓
④光電倍增管捕捉到這個光。
↓
⑤根據光量與圓環的形狀，計算微中子的能量與方向。

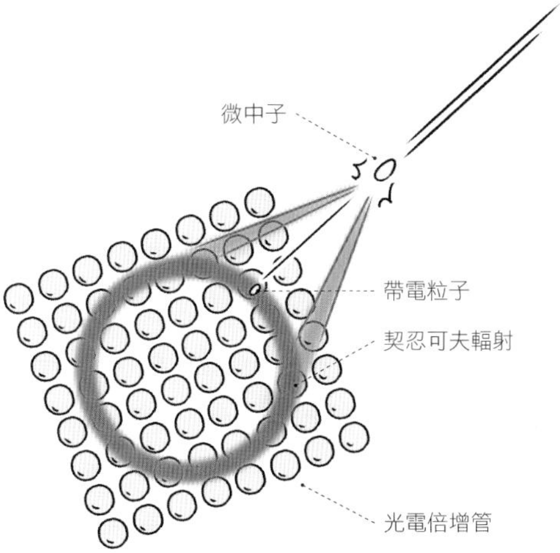
微中子
帶電粒子
契忍可夫輻射
光電倍增管

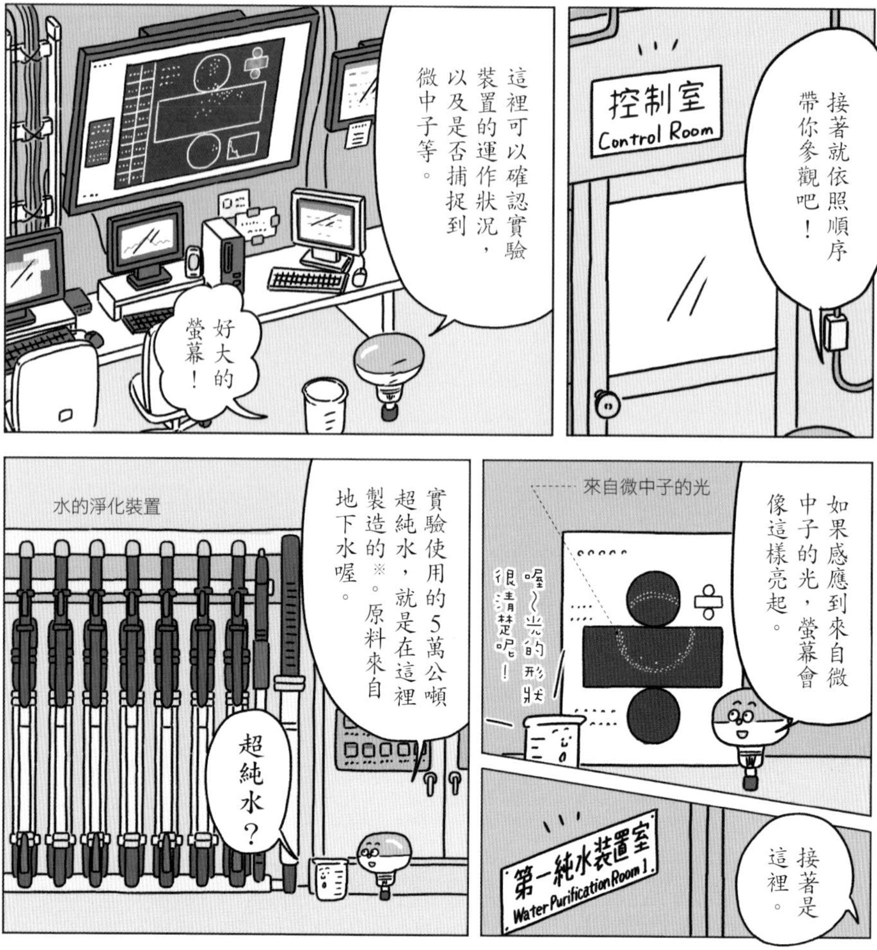
控制室
Control Room
接著就依照順序帶你參觀吧！
這裡可以確認實驗裝置的運作狀況，以及是否捕捉到微中子等。
好大的螢幕！
來自微中子的光
如果感應到來自微中子的光，螢幕會像這樣亮起。
喔～光的形狀很清楚呢！
第一純水裝置室
Water Purification Room
接著是這裡。
水的淨化裝置
實驗使用的5萬公噸超純水，就是在這裡製造的※。原料來自地下水喔。
超純水？

※2020年8月起，為了觀測來自遙遠宇宙、至今仍偵測不到的微中子，超純水中加入了稀土元素「釓」。

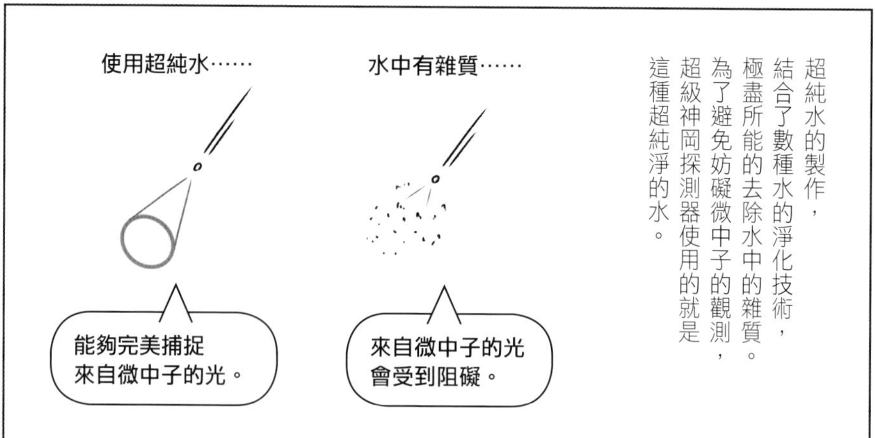
超純水的製作，結合了數種水的淨化技術，極盡所能的去除水中的雜質。為了避免妨礙微中子的觀測，超級神岡探測器使用的就是這種超純淨的水。
使用超純水……
能夠完美捕捉來自微中子的光。
水中有雜質……
來自微中子的光會受到阻礙。

接下來……
咦!!
看到標示牌!!
換句話說……
實驗水槽
Super-Kamiokande Tank
噠
噠
噠
噠
噠
這裡就是照片上看到的那個……
超級神岡探測器
……咦？怎麼沒有滿滿都是小球的牆壁？
啊，這裡是水槽上方嗎？
要從哪裡進到水槽裡面呢……
燒杯君，
其實水槽裡面進不去喔……
咦……

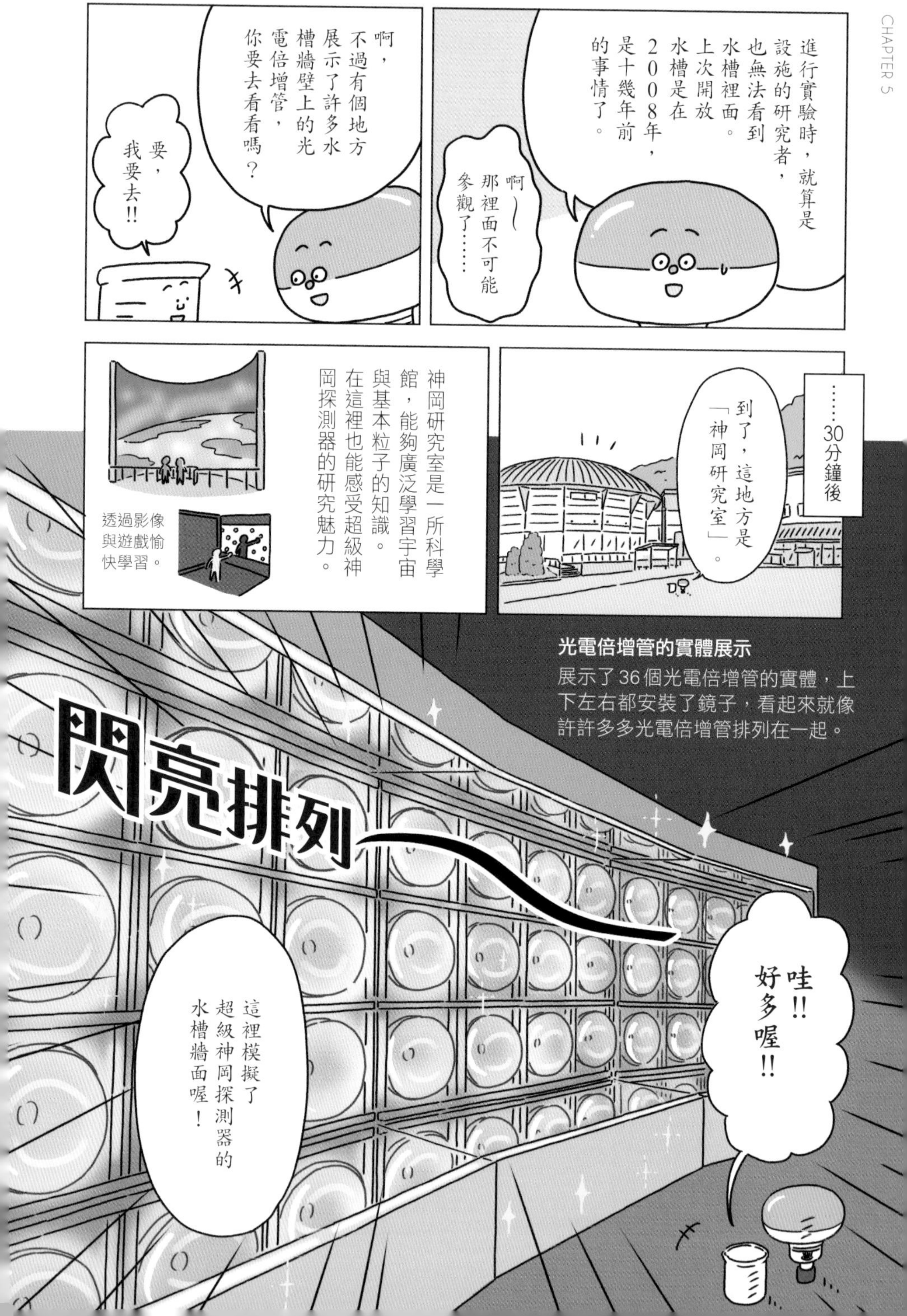
進行實驗時，就算是設施的研究者，也無法看到水槽裡面。上次開放水槽是在2008年，是十幾年前的事情了。
啊～那裡面不可能參觀了……
啊，不過有個地方展示了許多水槽牆壁上的光電倍增管，你要去看看嗎？
要，我要去!!
……30分鐘後
到了，這地方是「神岡研究室」。
神岡研究室是一所科學館，能夠廣泛學習宇宙與基本粒子的知識。在這裡也能感受超級神岡探測器的研究魅力。
透過影像與遊戲愉快學習。
光電倍增管的實體展示
展示了36個光電倍增管的實體，上下左右都安裝了鏡子，看起來就像許許多多光電倍增管排列在一起。
閃亮排列～
哇!! 好多喔!!
這裡模擬了超級神岡探測器的水槽牆面喔！

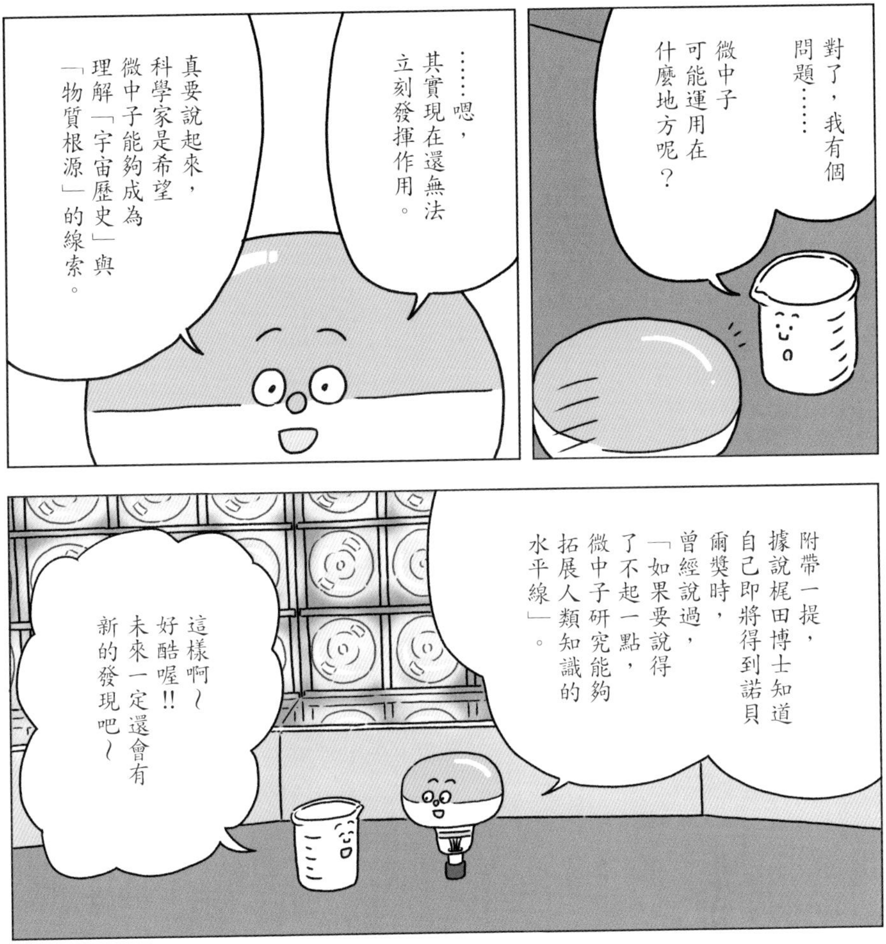
對了，我有個問題……
微中子可能運用在什麼地方呢？
……嗯，其實現在還無法立刻發揮作用。
真要說起來，科學家是希望微中子能夠成為理解「宇宙歷史」與「物質根源」的線索。
附帶一提，據說梶田博士知道自己即將得到諾貝爾獎時，曾經說過，「如果要說得了不起一點，微中子研究能夠拓展人類知識的水平線」。
這樣啊～好酷喔!!未來一定還會有新的發現吧～

採訪後記

神岡探測器原本的目的，其實是為了進行與微中子觀測無關的實驗，但並沒有觀測到預期的現象，於是在實驗開始的幾年後，小柴博士決定將設備改良，成為也能觀測微中子的裝置。結果就在一個月後，奇蹟似的發生超新星爆炸，並且成功探測到微中子。小柴博士的重要決定，或可說是帶來今日成就的奇蹟。

燒杯君備忘錄

▼超巨型神岡探測器※正在建設中!!雖然還要一陣子才能開始實驗，但現在就可以期待了～

※能力是超級神岡探測器的八倍，預計2027年開始運作。

COLUMN 5

神岡探測器會吃壞肚子

文／山村紳一郎

超級神岡探測器是非常重要的科學設施，與位於瑞士及法國邊界的大型強子對撞機（ＬＨＣ：探究宇宙與物質起源的實驗設施）、南美的阿塔卡瑪望遠鏡（全球最大規模的電波望遠鏡群）、國際宇宙太空站（位於宇宙……應該不用多說吧）等相提並論。雖然是日本的驕傲，但知名度卻馬馬虎虎。當我提到自己要去採訪「神岡探測器」時，好幾個人對我說「你要去吃紙？你是羊嗎？※」附帶一提，雖然大家都說羊會吃紙，但羊只不過以為薄薄的紙是草，其實也會因為無法消化而吃壞肚子，請不要餵羊吃紙喔！

話題再拉回來，神岡探測器的名稱，其實來自「神岡核子衰變實驗」（Kamioka Nucleon Decay Experiment）。就如同第17話採訪後記提到的，這個設施原本是要觀測核子中的質子衰變。根據當時盛行的大一統理論（認為宇宙中的力都是同一種），質子的壽命並非無限，在極少數情況下會衰變成電子與中子，如果聚集數量超龐大的質子，持續觀測，或許能夠看到……不過無論是原本的神岡探測器，還是現在規模更大的超級神岡探測器，都不曾觀測到質子的衰變。質子衰變與大一統理論的假說，目前已進行了修正。

第一次去參觀神岡探測器時，容納超級神岡探測器的地下洞穴還在開鑿中。採訪主題當然是微中子的觀測，但因為我喜歡岩石，所以將採集工具悄悄藏在包包裡，結果現場的負責人說「我還是第一次看到帶槌子來的記者」，讓我大冒冷汗。不過離開時，他們給了我許多在開鑿時發現的美麗礦物結晶，真是非常感激。

至今仍讓我感動的是超純水。他們從第17話中提到的製造裝置裡分一點水給我，我偷偷喝了一口，味道難以形容（沒有礦物質的水很難喝）。他們還說「喝太多會拉肚子喔」，或許因為聽到這句話吧，隔天覺得肚子有點不太舒服（大概是心理作用）。於是這次採訪變成了這樣的冷笑話：「我要去神岡探測器（吃紙）。」「你是羊嗎？」「因為去了神岡探測器（吃了紙），所以肚子不舒服。」真是圓滿的結局（到底哪裡圓滿了～）。

※譯注：神岡探測器的日文發音為KAMIOKANDE，聽起來就像「吃紙」：KAMI WO KANDE。

CHAPTER 6
特別篇

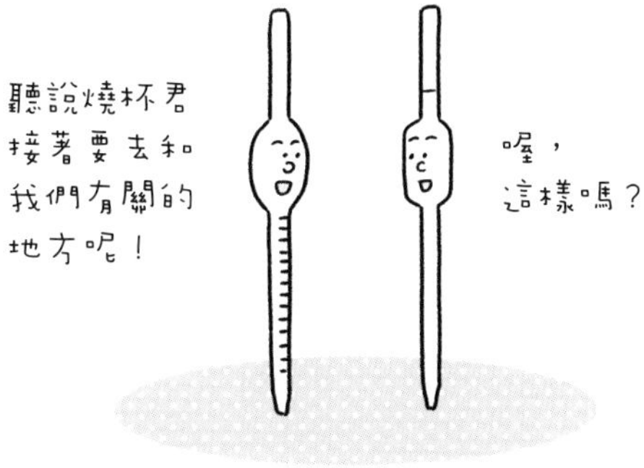
聽說燒杯君
接著要去和
我們有關的
地方呢！
喔，
這樣嗎？

第18話
微量吸管誕生的地方
FUTURE LIFESCIENCE PARTNER
NICHIRYO
我來請教有關微量吸管君的各種知識。
歡迎光臨～
微量吸管君
採訪地點／NICHIRYO股份有限公司
採訪日期／2020年11月
專營各種研究領域的移液※儀器的廠商，也以推出第一個日本製微量吸管而聞名。
※指液體的測量與採集等

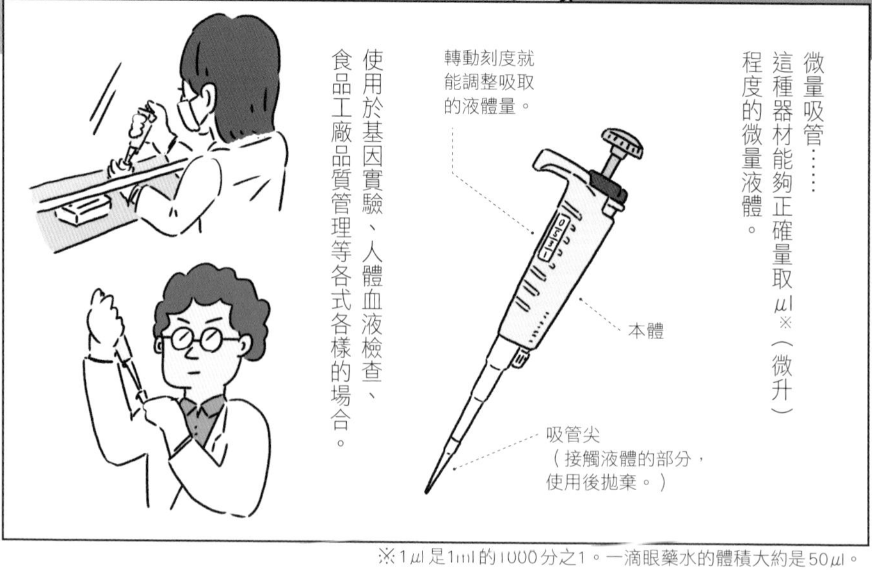
微量吸管……
這種器材能夠正確量取μl※（微升）程度的微量液體。
使用於基因實驗、人體血液檢查、食品工廠品質管理等各式各樣的場合。
轉動刻度就能調整吸取的液體量。
本體
吸管尖
（接觸液體的部分，使用後拋棄。）

※1μl是1ml的1000分之1。一滴眼藥水的體積大約是50μl。

開門
打擾了。
NichipetEX※……諾貝爾博物館？
往Nichipet EX 諾貝爾博物館
NICHIRYO
※NICHIRYO生產的一種微量吸管
沒錯，因為研究iPS細胞而獲得諾貝爾獎的山中伸彌教授，是NICHIRYO移液儀器的愛用者……
所以他捐給我們一座諾貝爾博物館※。
哇喔——真是太厲害了!!
因為使用細胞的實驗，實在是少不了微量吸管啊！
※收藏並展示與諾貝爾獎得獎者有關的器材
……話說回來，和我一起做實驗的吸管，要不是移液吸管君，就是球型刻度滴管君，
所以我其實沒看過微量吸管君做實驗的樣子呢……
雖然大概可以想像
這樣的話，不妨趁這個機會，由我來示範給你看？
耶，太好了！

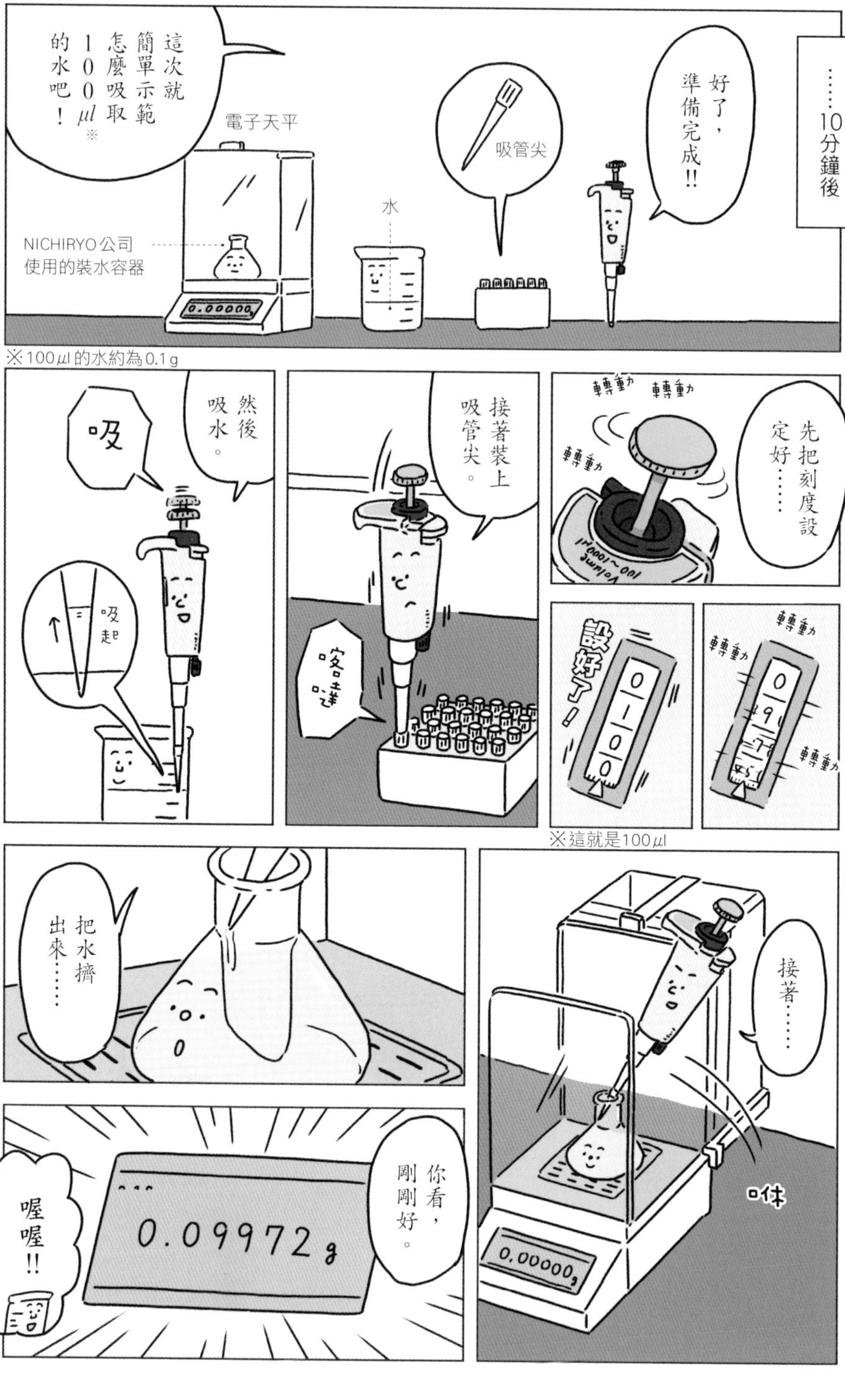

※100μl的水約為0.1g

※這就是100μl

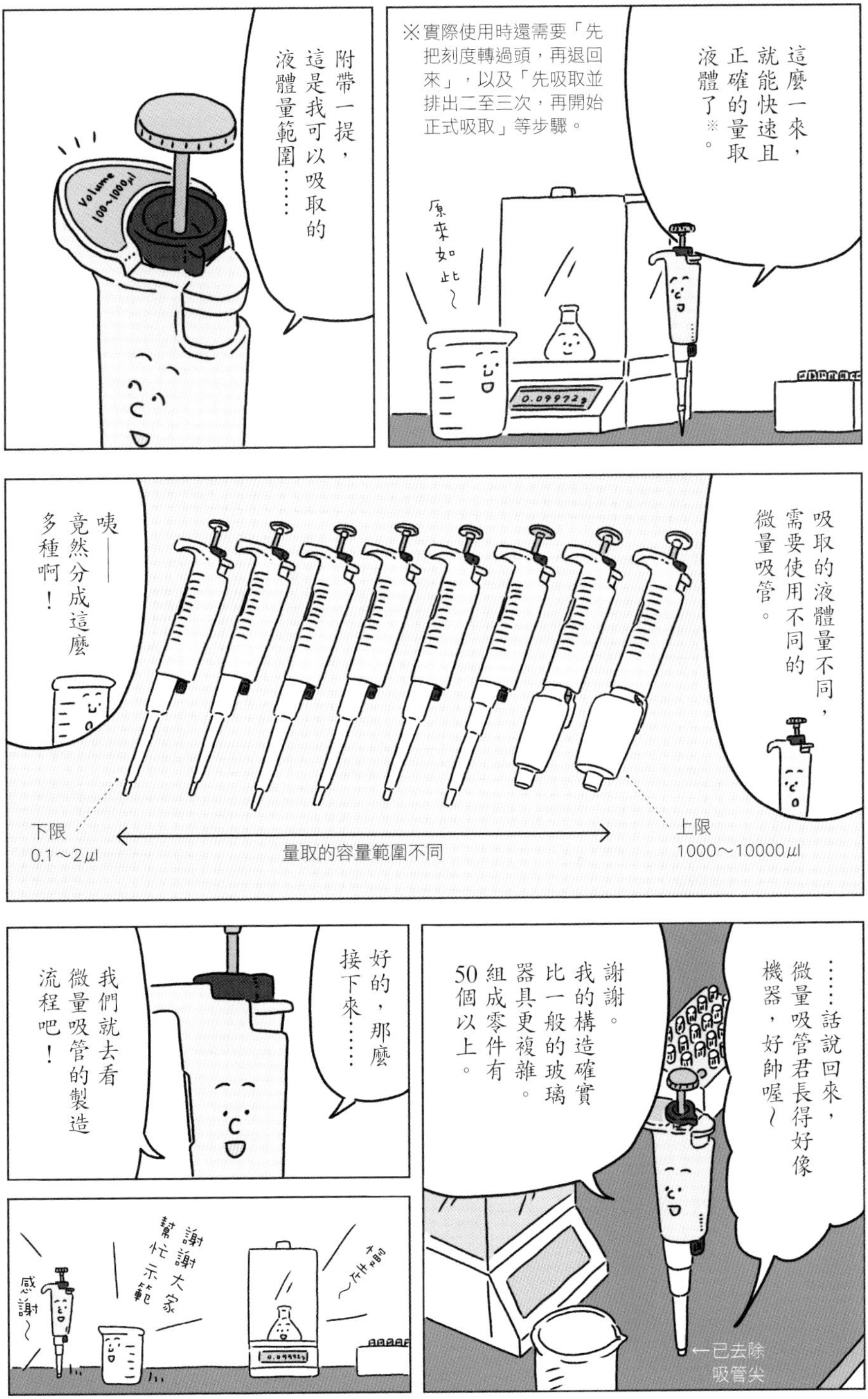
這麼一來，就能快速且正確的量取液體了※。
※實際使用時還需要「先把刻度轉過頭，再退回來」，以及「先吸取並排出二至三次，再開始正式吸取」等步驟。
原來如此～
附帶一提，這是我可以吸取的液體量範圍……
Volume 100~1000μl
吸取的液體量不同，需要使用不同的微量吸管。
咦──竟然分成這麼多種啊！
上限
1000～10000μl
量取的容量範圍不同
下限
0.1～2μl
……話說回來，微量吸管君長得好像機器，好帥喔～
謝謝。我的構造確實比一般的玻璃器具更複雜。組成零件有50個以上。
←已去除吸管尖
好的，那麼接下來……
我們就去看微量吸管的製造流程吧！
不客氣～
謝謝大家幫忙示範
感謝～

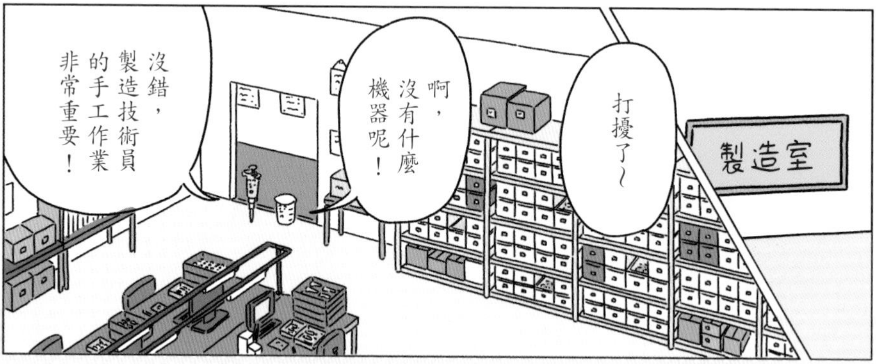
製造室
打擾了～
啊，沒有什麼機器呢！
沒錯，製造技術員的手工作業非常重要！

微量吸管的製造流程

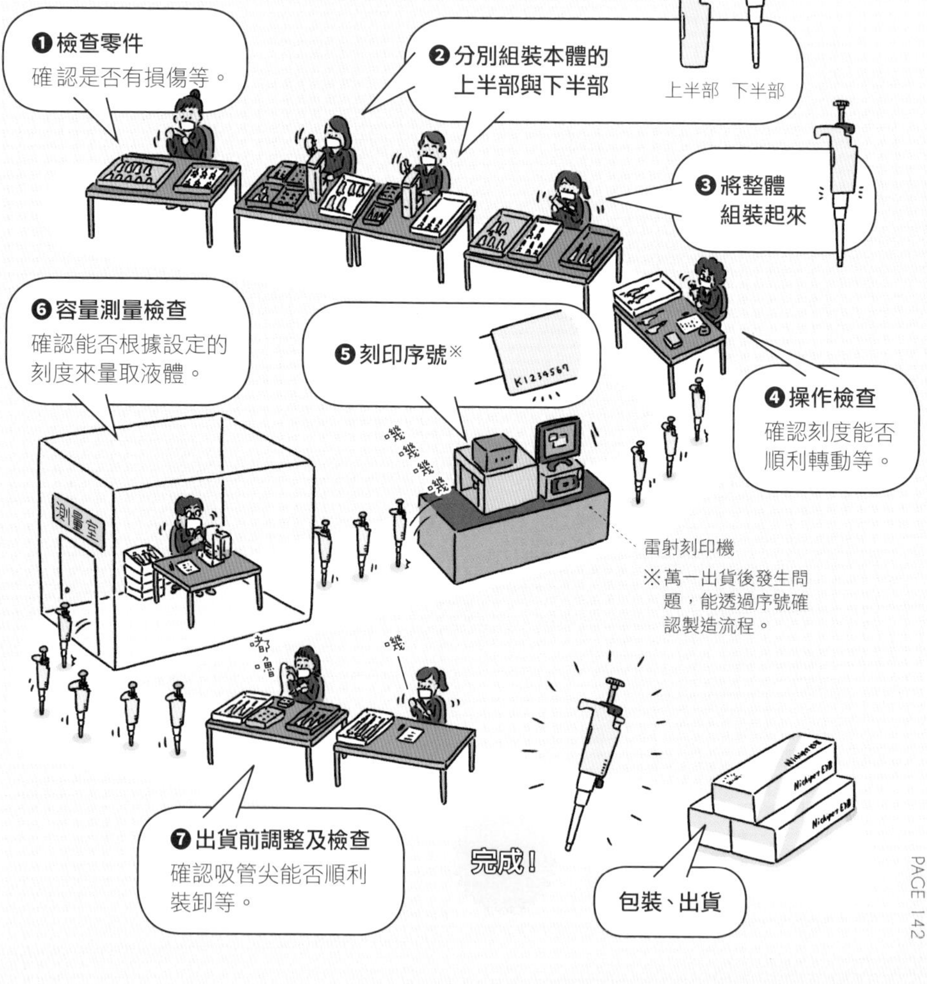
❶檢查零件
確認是否有損傷等。
❷分別組裝本體的上半部與下半部
上半部 下半部
❸將整體組裝起來
❹操作檢查
確認刻度能否順利轉動等。
❺刻印序號※
K1234567
雷射刻印機
※萬一出貨後發生問題，能透過序號確認製造流程。
嘰
❻容量測量檢查
確認能否根據設定的刻度來量取液體。
測量室
❼出貨前調整及檢查
確認吸管尖能否順利裝卸等。
完成！
包裝、出貨

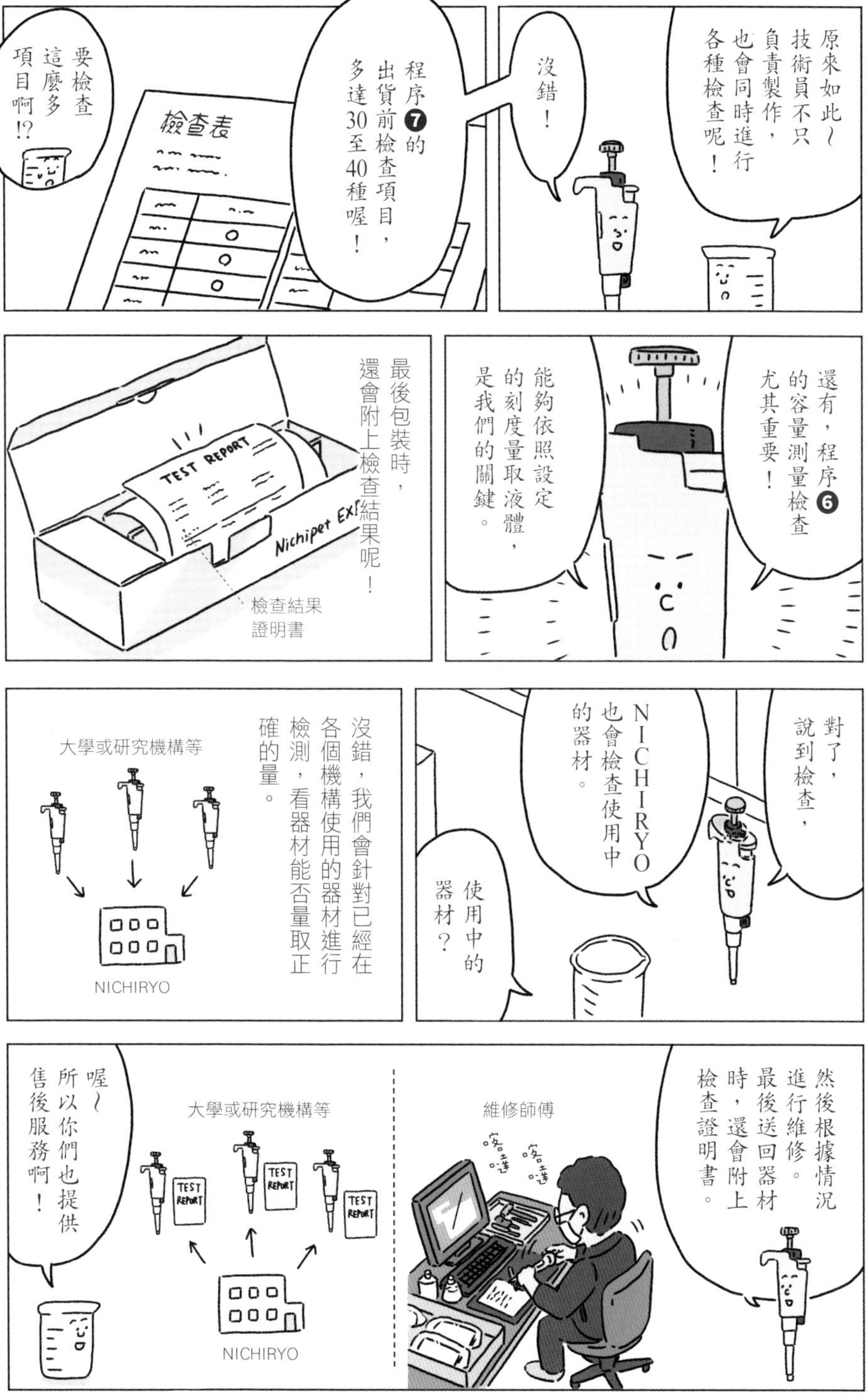
原來如此～技術員不只負責製作，也會同時進行各種檢查呢！
沒錯！
程序❼的出貨前檢查項目，多達30至40種喔！
檢查表
要檢查這麼多項目啊!?
還有，程序❻的容量測量檢查尤其重要！
能夠依照設定的刻度量取液體，是我們的關鍵。
最後包裝時，還會附上檢查結果呢！
TEST REPORT
Nichipet EX
檢查結果證明書
對了，說到檢查，
NICHIRYO也會檢查使用中的器材。
使用中的器材？
沒錯，我們會針對已經在各個機構使用的器材進行檢測，看器材能否量取正確的量。
大學或研究機構等
NICHIRYO
然後根據情況進行維修。最後送回器材時，還會附上檢查證明書。
維修師傅
喀噠
喀噠
大學或研究機構等
TEST REPORT
TEST REPORT
TEST REPORT
NICHIRYO
喔～所以你們也提供售後服務啊！

NICHIRYO 的微量吸管們 （極小部分）

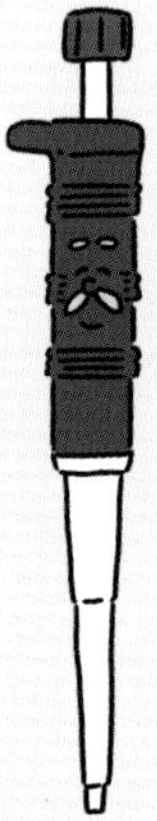

JUSTOR U
最早的日本製
微量吸管。
1975年發售
（已停產）

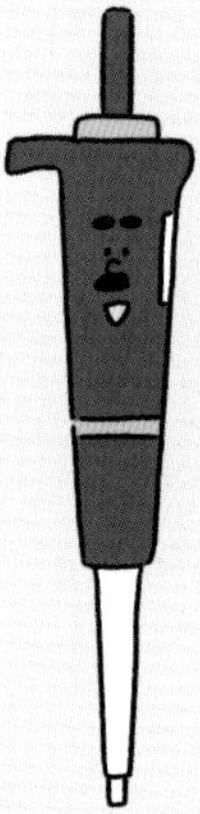

JUSTOR 1100DG
NICHIRYO最早的容量
可變型微量吸管。
1983年發售
（已停產）

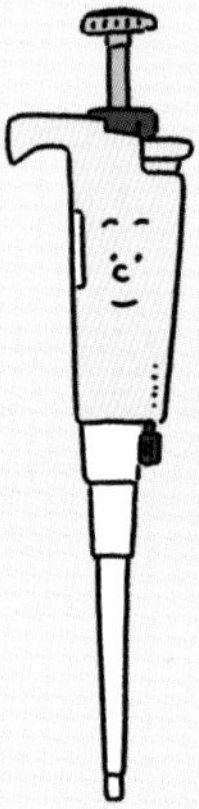

Nichipet Ex II
Nichipet系列中最
暢銷的款式。
2012年發售

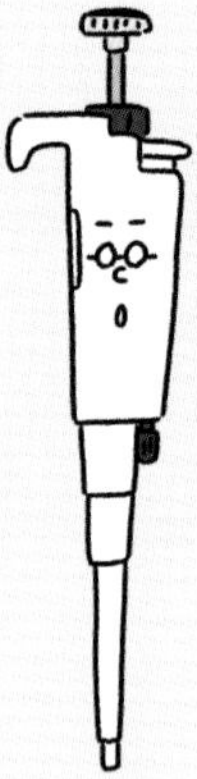

Nichipet Ex Plus II
耐藥品性優異
的款式。
2012年發售

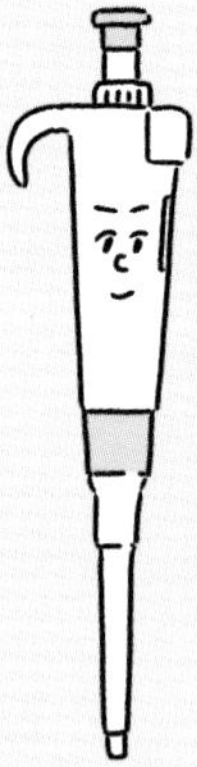

Nichipet Air
有世界最高水
準的輕巧度，
讓女性能輕易
操作。
2020年發售

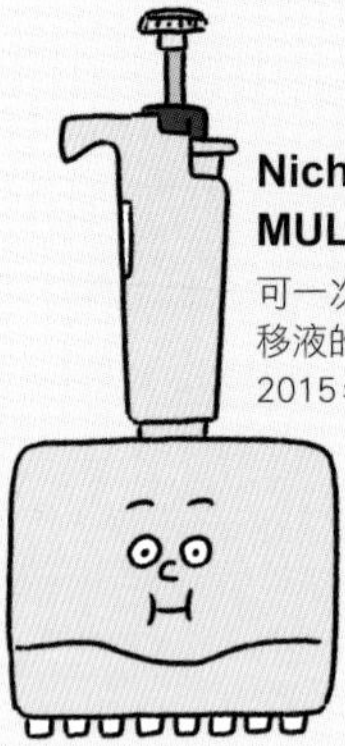

Nichipet Ex II MULTI
可一次進行多道
移液的款式。
2015年發售

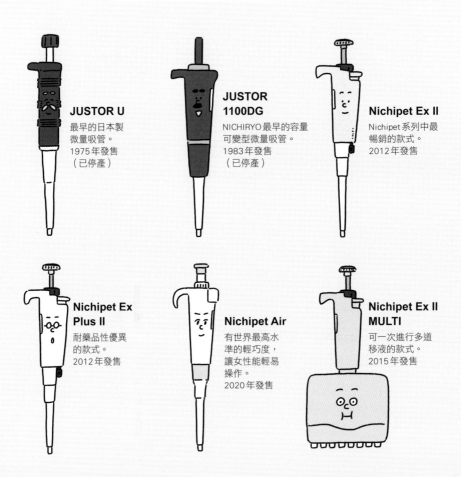

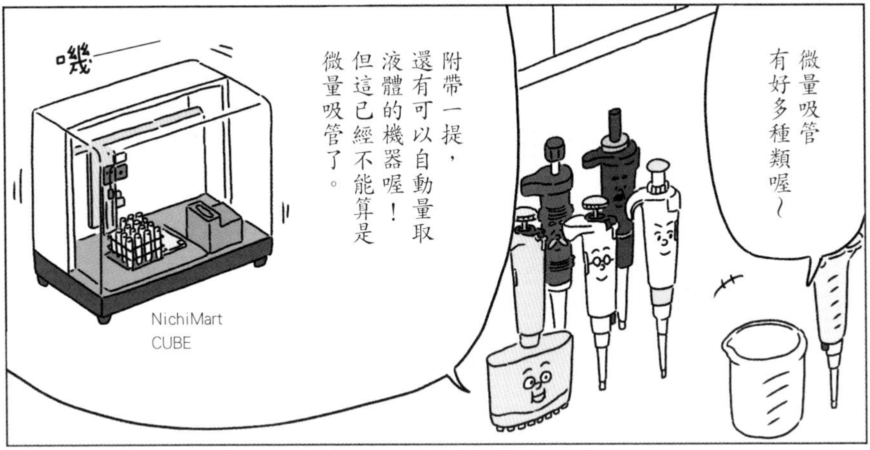
微量吸管有好多種類喔～
附帶一提，還有可以自動量取液體的機器喔！但這已經不能算是微量吸管了。
嘰——
NichiMart CUBE

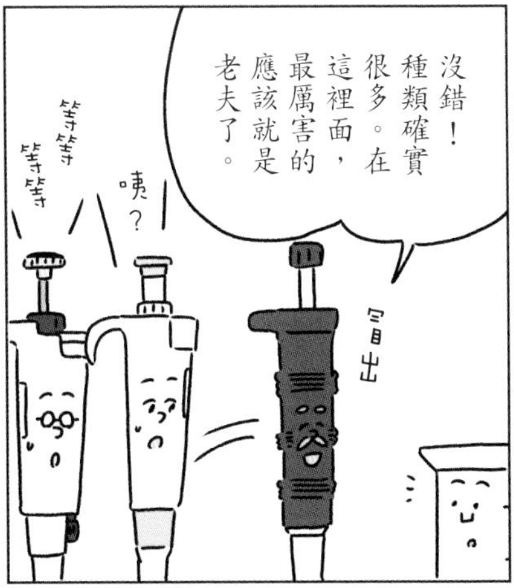
沒錯！種類確實很多。在這裡面，最厲害的應該就是老夫了。
等等等等
咦？
冒出

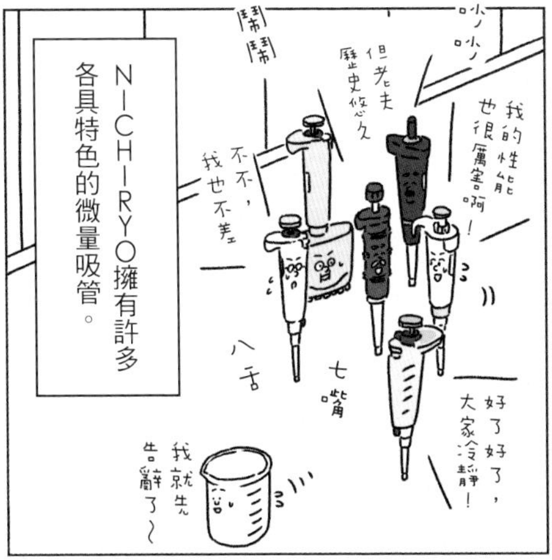
NICHIRYO擁有許多各具特色的微量吸管。
鬧鬧
吵吵
但老夫歷史悠久
我的性能也很厲害啊！
不不，我也不差
七嘴
八舌
好了好了，大家冷靜！
我就先告辭了～

採訪後記

微量吸管的製造流程有容量測量檢查的項目，想要成為檢查員，必須接受好幾個月的操作訓練，還得通過考試。換句話說，這些檢查員是微量吸管操作專家中的專家。我不禁想像，如果他們在大學的實驗裡協助操作微量吸管，應該可以得到精確度相當高的結果吧！

燒杯君備忘錄

▼NICHIRYO網站上有詳細介紹微量吸管操作方法的解說影片。絕對不能錯過!!

微量吸管君

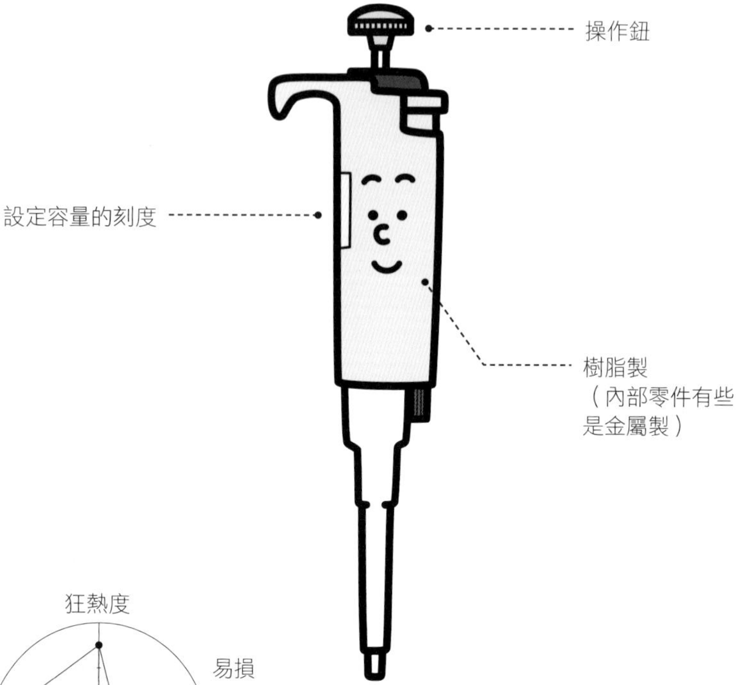
操作鈕
設定容量的刻度
樹脂製
（內部零件有些
是金屬製）

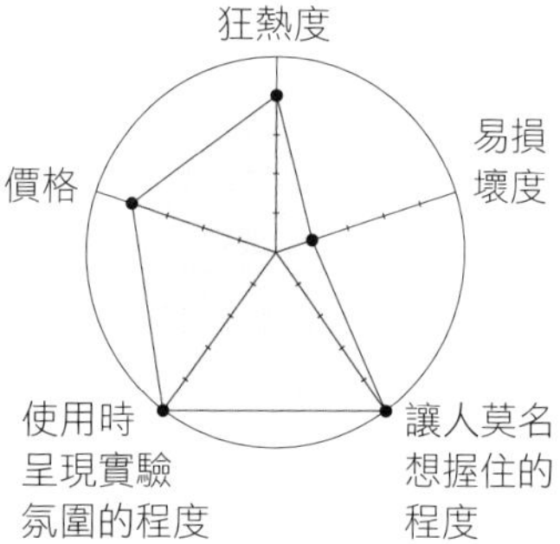
狂熱度
易損
壞度
價格
使用時
呈現實驗
氛圍的程度
讓人莫名
想握住的
程度

正式名稱　微量吸管※（Micro pipette）
※也稱為活塞式吸管

擅長技能　正確量取少量液體並排出。

個性特色　很溫柔，在裝上吸管尖時，會在心裡說「謝謝，再見」。

實驗夥伴

吸管尖君

培養皿男爵

微量離心管君

吸管比一比

名稱	球型刻度滴管君	移液吸管君	微量吸管君
外觀			
材質	玻璃	玻璃	樹脂、金屬
使用時機	量取大致容量的液體時。	量取ml 程度的液體時。	正確量取少量液體時。
實驗方式	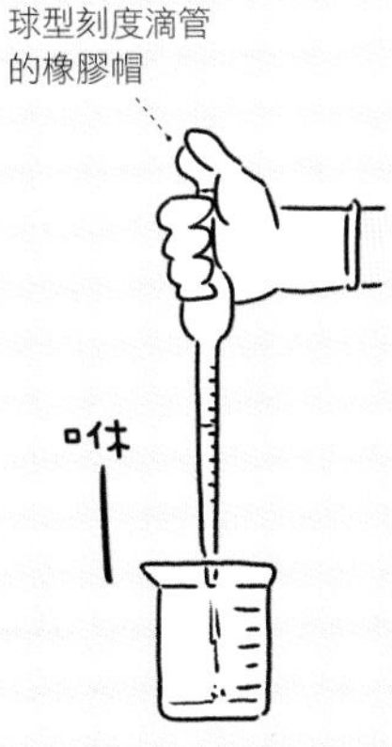	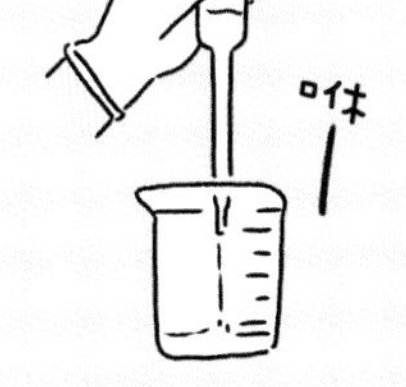	
特徵	• 滴管的刻度僅供參考，正確性低。 • 誕生於東京的駒込醫院。	• 讓液面對準上方標線就能正確量取。 • 又名：定量吸管。	• 可輕易設定好要量取的容量。 • 採取按壓式的操作，很省時。

第19話 精密科學擦拭紙誕生的地方

採訪地點／**日本製紙CRECIA股份有限公司**
採訪日期／2021年7月

代工「舒潔」、「Scottie」等品牌的日本製紙集團企業。製造並販賣面紙等家庭用品，以及精密科學擦拭紙等商業用品。

擦拭清洗後的實驗器材。

用於塑料模型的製作。

在實驗中
吸取多餘的水分。

精密科學擦拭紙是什麼？
簡單來說，就是「不起毛屑的面紙」。
吸水性高，擦拭後不容易殘留纖維，
因此不會對擦拭的物品（燒杯等）
造成不良影響。
除了研究機構、醫療機構與工廠等之外，
現在也盛行於各種嗜好領域。
在理工科大學生中的知名度為100%※。

※根據上谷夫婦的調查

真受不了，今天好熱啊～
都流汗了
咻！
我擦
咦？
擦擦擦
キムワイプ
擦擦擦
我擦
亮晶晶
大功告成
キムワイプ

※編注：キムワイプ為精密科學擦拭紙品牌Kimwipes

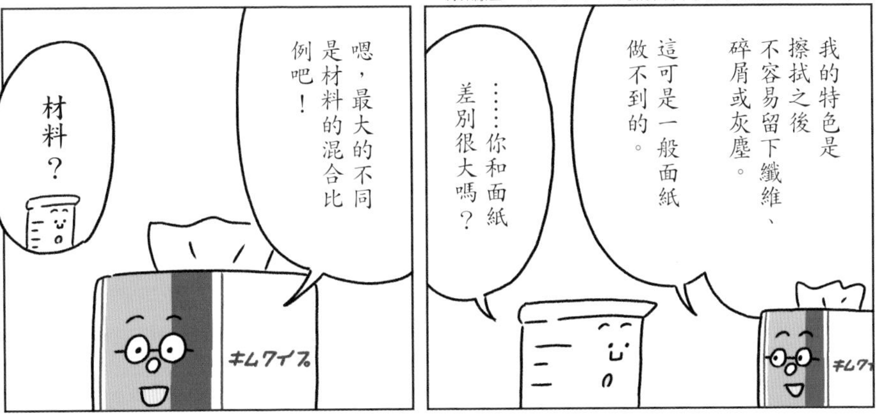
我的特色是擦拭之後不容易留下纖維、碎屑或灰塵。
這可是一般面紙做不到的。
……你和面紙差別很大嗎？
キムワイ
嗯，最大的不同是材料的混合比例吧！
材料？
キムワイプ

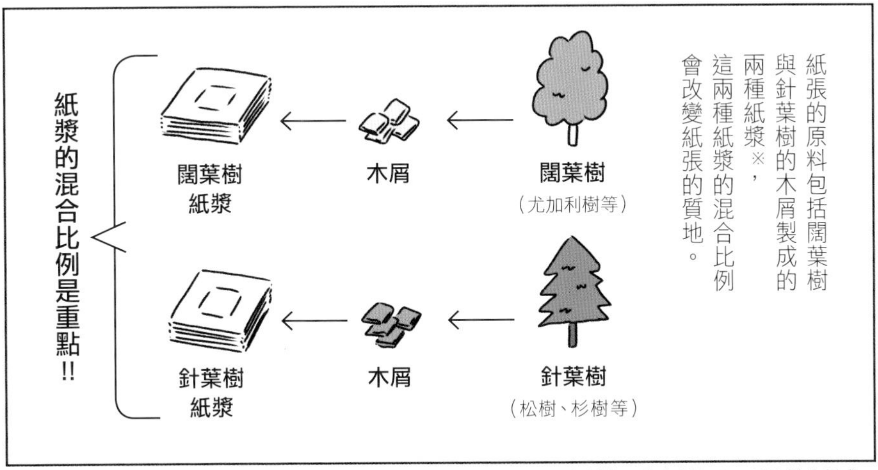
紙張的原料包括闊葉樹與針葉樹的木屑製成的兩種紙漿※，這兩種紙漿的混合比例會改變紙張的質地。
闊葉樹
（尤加利樹等）
木屑
闊葉樹紙漿
針葉樹
（松樹、杉樹等）
木屑
針葉樹紙漿
紙漿的混合比例是重點!!

※紙漿：將木屑加工，只取纖維製成。

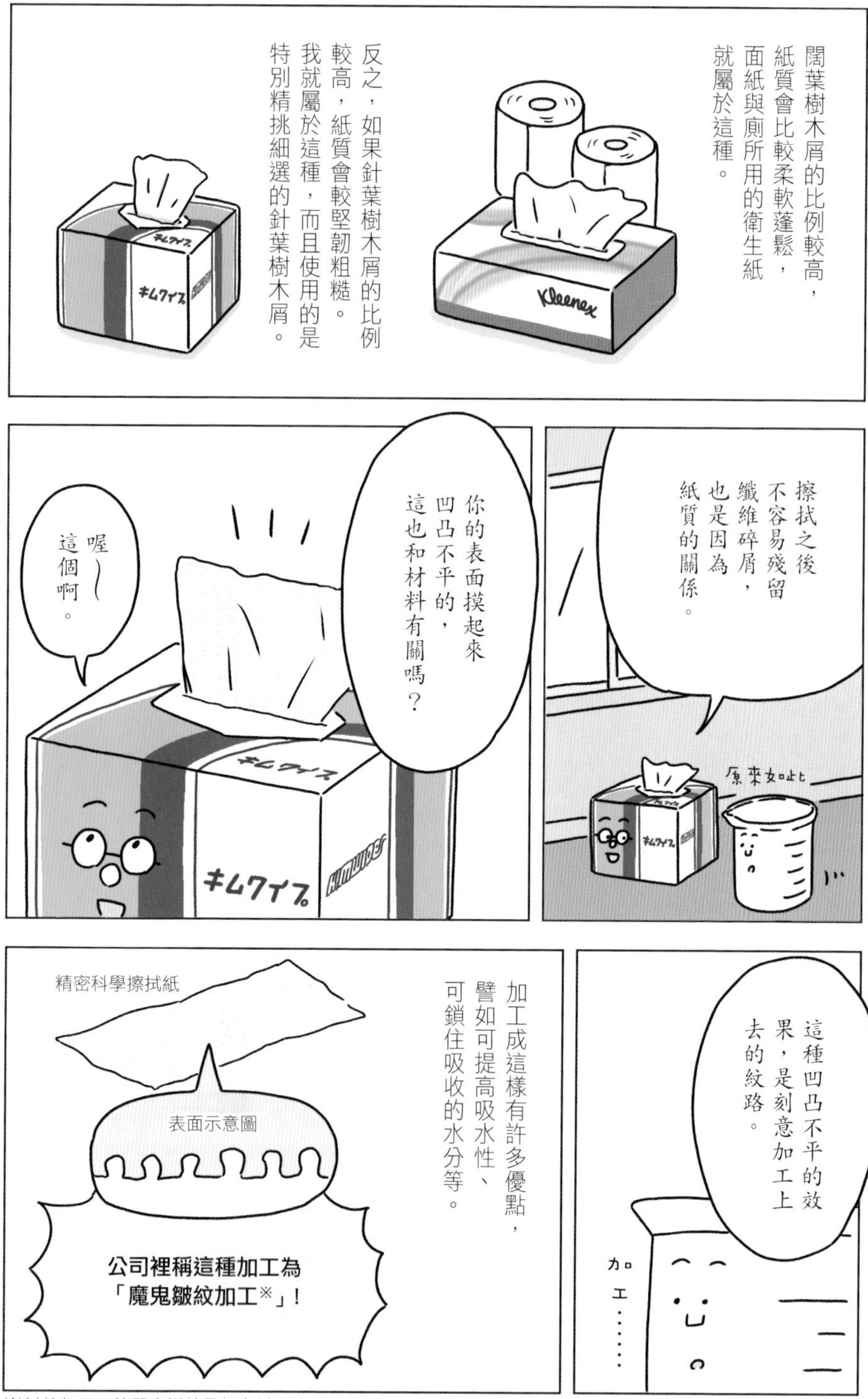
闊葉樹木屑的比例較高，紙質會比較柔軟蓬鬆，面紙與廁所用的衛生紙就屬於這種。
反之，如果針葉樹木屑的比例較高，紙質會較堅韌粗糙。我就屬於這種，而且使用的是特別精挑細選的針葉樹木屑。
Kleenex
キムワイプ
擦拭之後不容易殘留纖維碎屑，也是因為紙質的關係。
原來如此
你的表面摸起來凹凸不平的，這也和材料有關嗎？
喔～這個啊。
這種凹凸不平的效果，是刻意加工上去的紋路。
加工……
加工成這樣有許多優點，譬如可提高吸水性、可鎖住吸收的水分等。
精密科學擦拭紙
表面示意圖
公司裡稱這種加工為「魔鬼皺紋加工※」！

※皺紋加工：簡單來說就是加上皺紋的工序，
「魔鬼皺紋」指的是「特別強化的皺紋」。

那麼，接下來就去看看我的製造現場吧！
首先，想讓你看的是這個……
開門
打擾了
キムワイプ
!? 超大啊!!
這個叫抄紙機，相當於造紙流程的心臟喔！
高度相當於五層樓（約10m），長度也有40m呢！
好驚人～

精密科學擦拭紙的製造流程

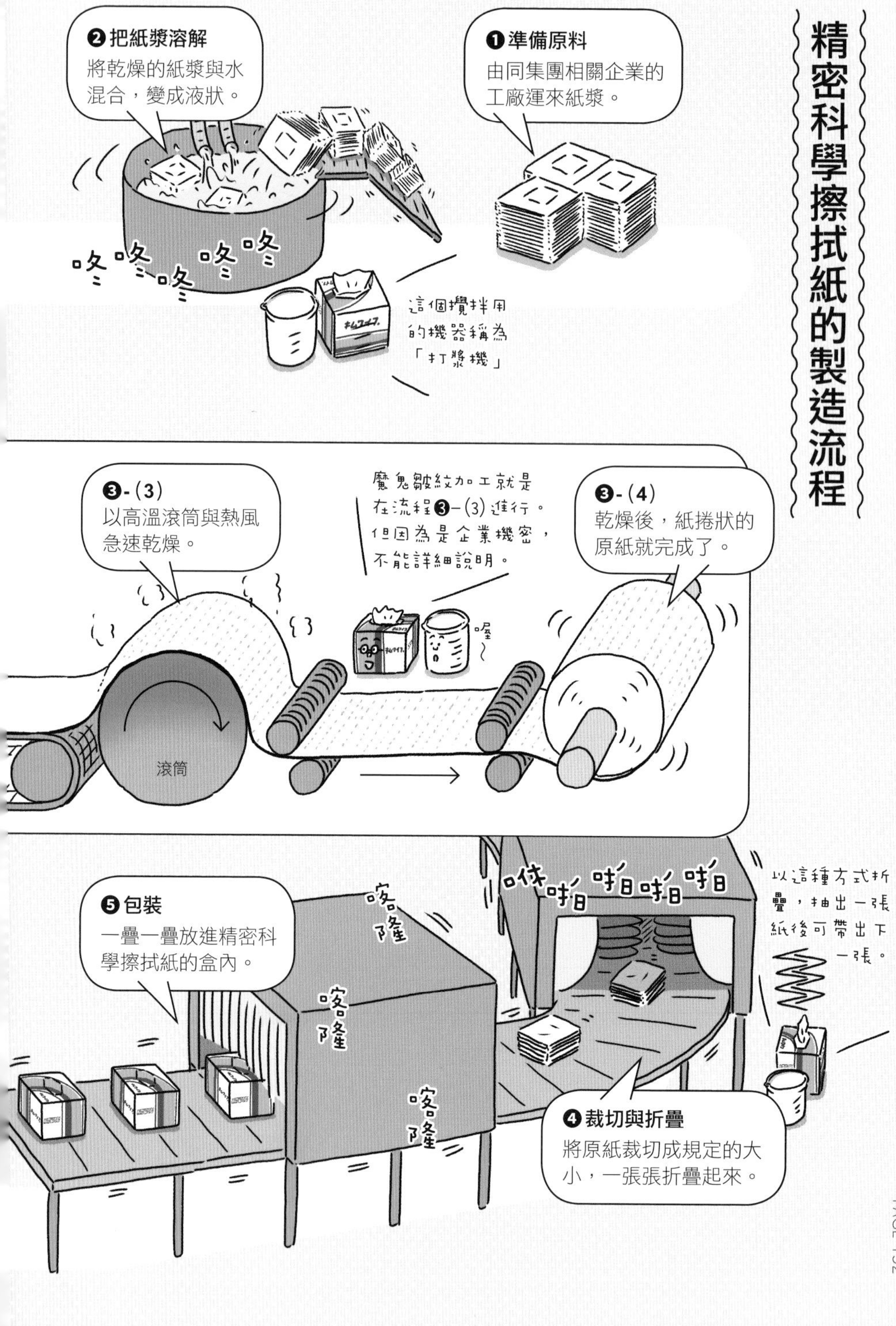
❶準備原料
由同集團相關企業的工廠運來紙漿。
❷把紙漿溶解
將乾燥的紙漿與水混合，變成液狀。
咚咚咚 咚咚
這個攪拌用的機器稱為「打漿機」
❸-(3)
以高溫滾筒與熱風急速乾燥。
滾筒
魔鬼皺紋加工就是在流程❸-(3)進行。但因為是企業機密，不能詳細說明。
喔~
❸-(4)
乾燥後，紙捲狀的原紙就完成了。
咻啪啪啪啪
以這種方式折疊，抽出一張紙後可帶出下一張。
❹裁切與折疊
將原紙裁切成規定的大小，一張張折疊起來。
喀隆
喀隆
喀隆
❺包裝
一疊一疊放進精密科學擦拭紙的盒內。

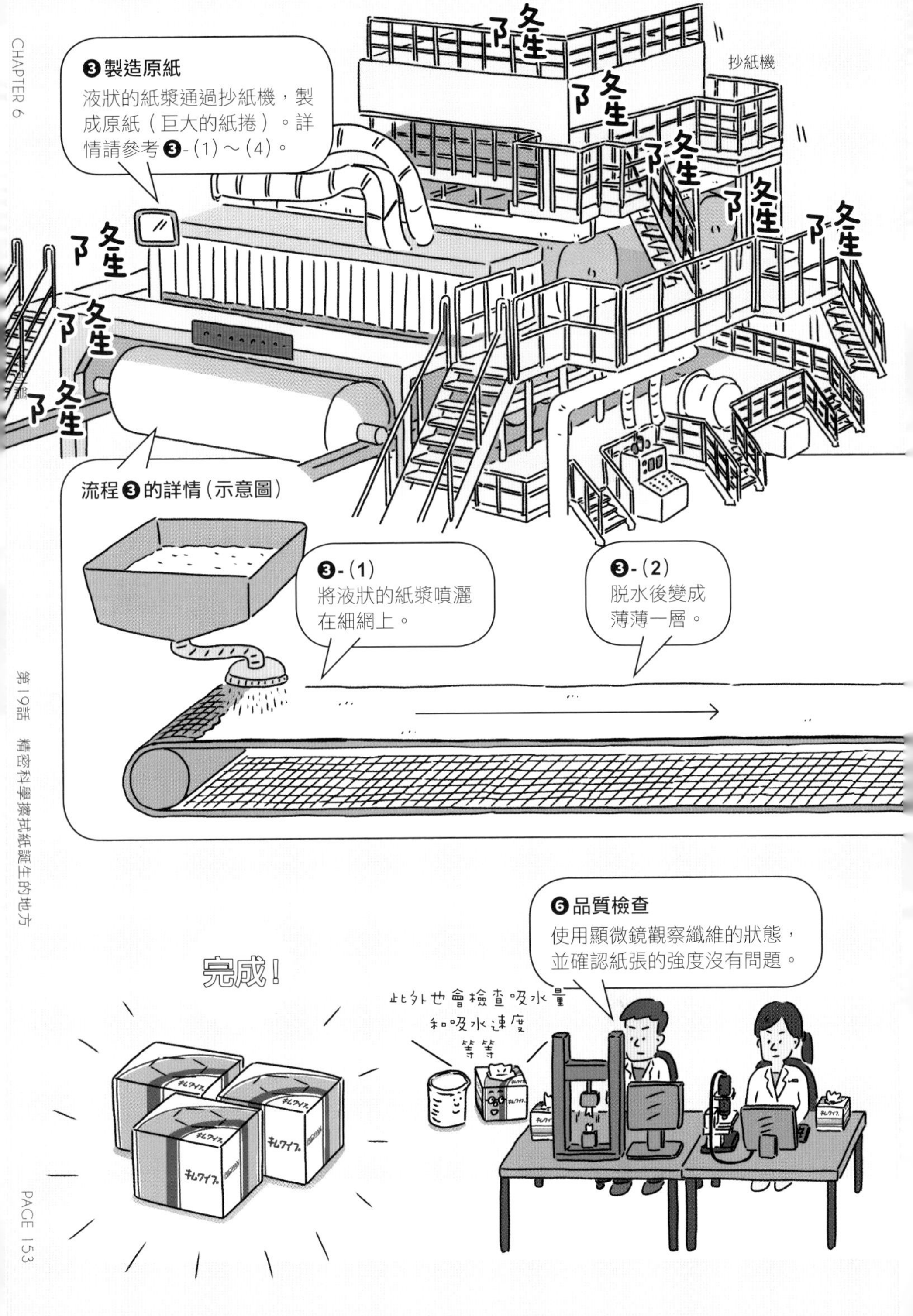

❸製造原紙
液狀的紙漿通過抄紙機，製成原紙（巨大的紙捲）。詳情請參考❸-(1)～(4)。
抄紙機
流程❸的詳情(示意圖)
❸-(1)
將液狀的紙漿噴灑在細網上。
❸-(2)
脫水後變成薄薄一層。
❻品質檢查
使用顯微鏡觀察纖維的狀態，並確認紙張的強度沒有問題。
此外也會檢查吸水量和吸水速度等等
完成！

參觀了好多東西，好開心喔～
哈哈哈，太好了。
科學擦拭紙的卡車？
隆隆隆隆隆隆
未來50年也常伴左右
キムワイプ
沒錯沒錯。
精密科學擦拭紙就靠這輛卡車運送到日本全國。
呼嘯而去
好厲害!!
據說看到這輛卡車開過去，實驗就會進行得順利喔！
真的嗎!?
好期待明天的實驗喔～
太好了呢～

採訪後記

很多人上了大學之後，才第一次在實驗室裡看到精密科學擦拭紙，以前的我也是其中之一。摸過的人應該知道，精密科學擦拭紙和普通面紙不同，表面粗糙堅硬。我曾拿它代替面紙擤鼻涕，吸水性絕佳，但是，鼻子很痛……。我想，讀化學的人都做過這種事吧？

燒杯君備忘錄

▼CRECIA也是日本第一家製造面紙的公司喔！

精密科學擦拭紙君

特有的
凹凸表面
方便放在
實驗室的
尺寸
キムワイプ
説到精密科學
擦拭紙就會想
到的圖樣

狂熱度
易損
壞度
知名度
（理科人）
有了這個
就更像實驗室
的程度
價格

正式名稱 精密科學擦拭紙（Kimwipes）

擅長技能 擦拭附著在實驗器材上的多餘水分與油脂。

個性特色 有潔癖，只要看到有人弄濕了，就想立刻擦乾。

實驗夥伴

微量吸管君

石英光析管君

燒杯君

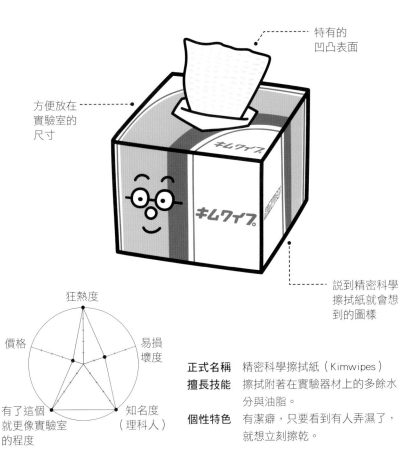

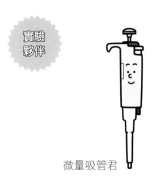

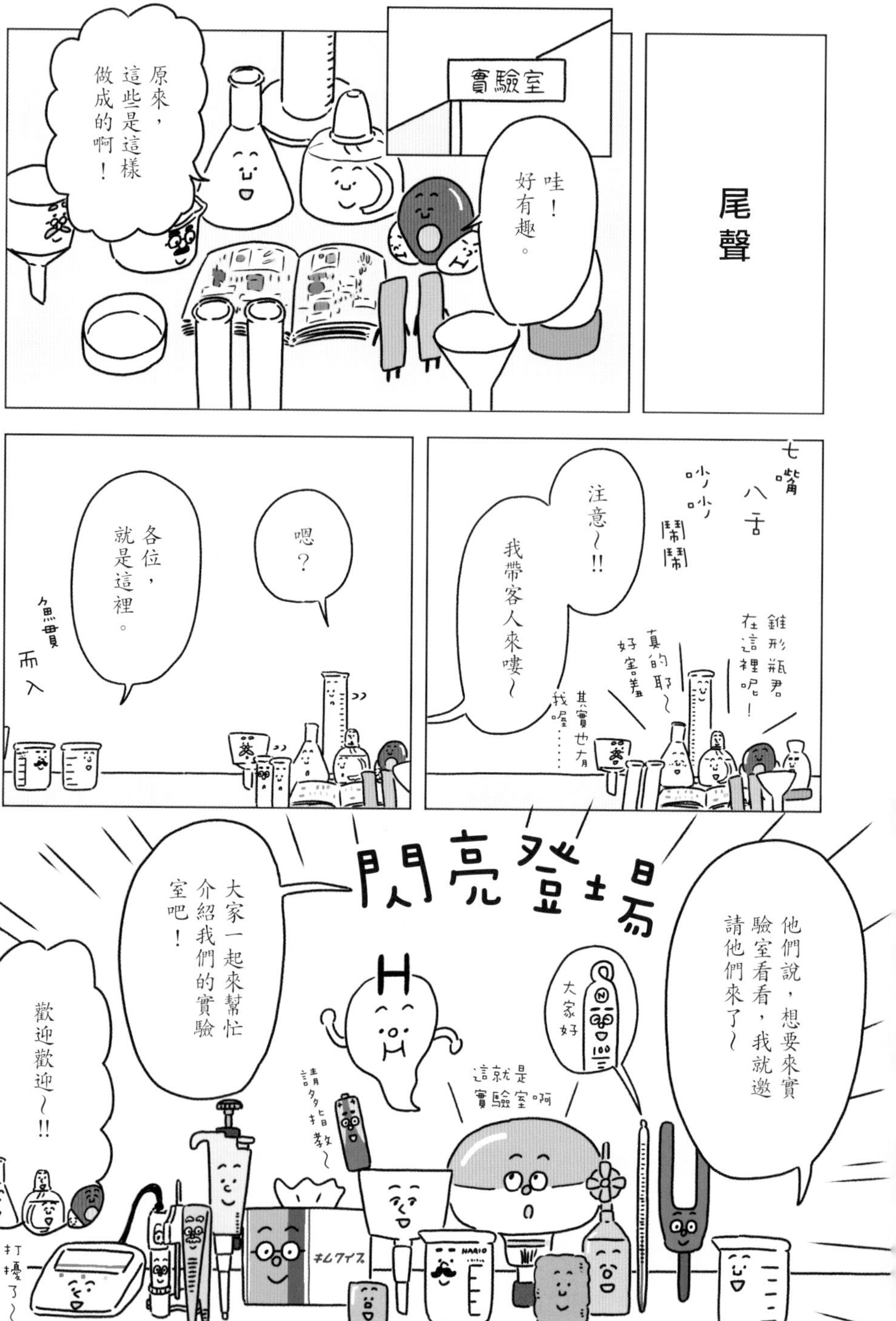
尾聲
實驗室
哇！好有趣。
原來，這些是這樣做成的啊！
七嘴八舌
吵吵鬧鬧
注意～!! 我帶客人來嘍～
錐形瓶君在這裡呢！
真的耶～好害羞
其實也有我喔……
嗯？
各位，就是這裡。
魚貫而入
閃亮登場
他們說，想要來實驗室看看，我就邀請他們來了～
大家好
這就是實驗室啊
請多指教～
大家一起來幫忙介紹我們的實驗室吧！
歡迎歡迎～!!
打擾了～
キムワイプ
HARIO

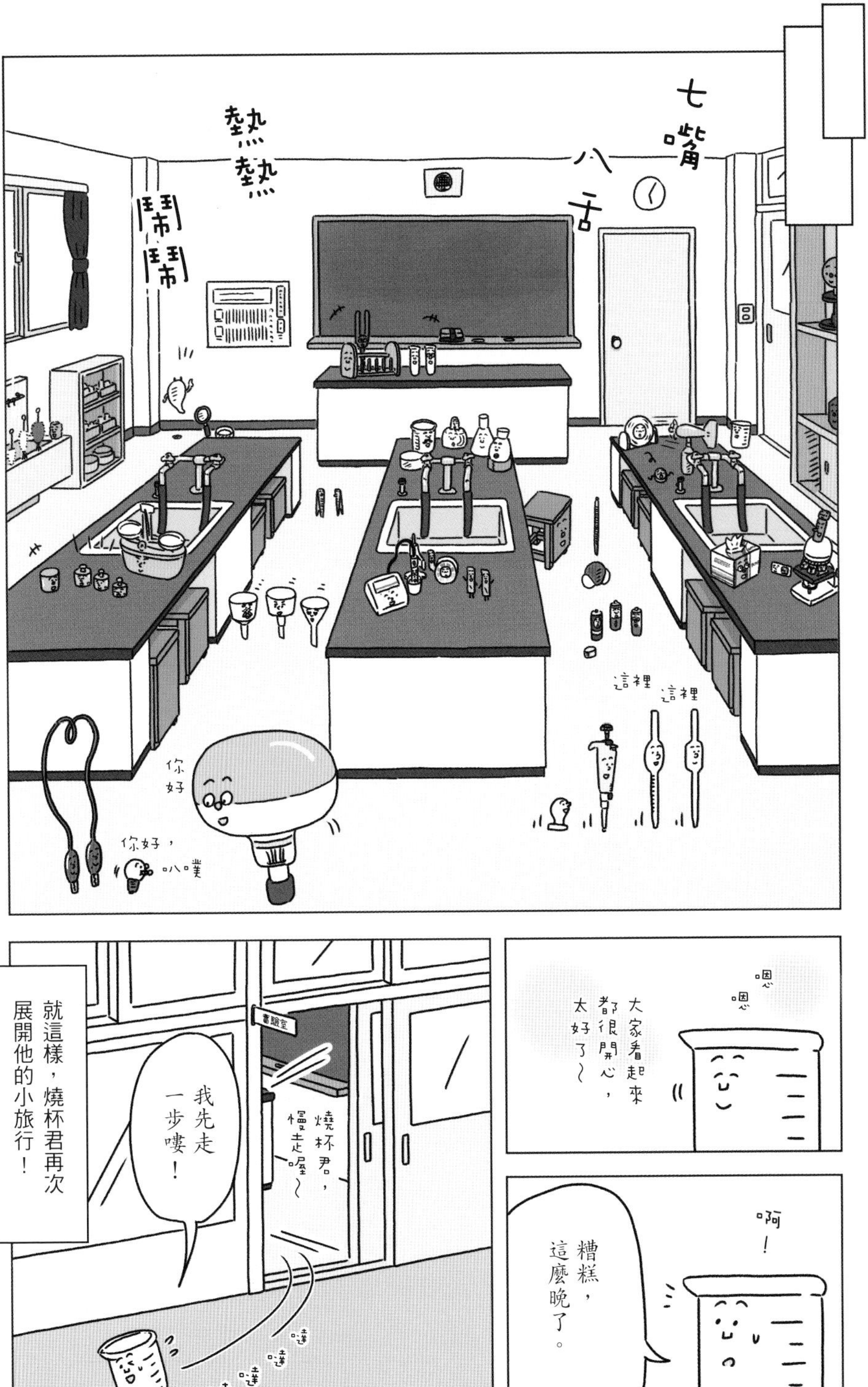
七嘴八舌
熱熱鬧鬧
這裡
這裡
你好
你好，叭噗
嗯
嗯
大家看起來都很開心，太好了～
啊！
糟糕，這麼晚了。
就這樣，燒杯君再次展開他的小旅行！
我先走一步嘍！
燒杯君，慢走喔～
噠
噠
噠
噠
噠

協助採訪的企業與團體列表

☞ P.12

HARIO 股份有限公司

地址：東京都中央區日本橋富澤町9-3（總公司）
官網：https://www.hario.com/

☞ P.18

東洋濾紙股份有限公司

地址：東京都千代田區內幸町2-2-3 日比谷國際大樓5F
官網：https://www.advantec.co.jp/company/advantec_group/toyoroshi/

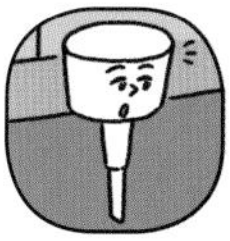

☞ P.24

桐山製作所股份有限公司

地址：東京都荒川區東日暮里2-31-11
官網：https://www.kiriyama.co.jp/

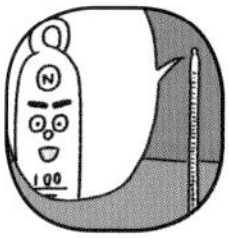

☞ P.30

中村溫度計製作所

※目前未營業。

☞ P.36

堀場製作所股份有限公司

地址：京都市南區吉祥院宮之東町2（總公司）
官網：https://www.horiba.com/jpn/

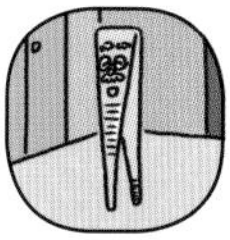

☞ P.44

幸和鑷子工業股份有限公司

地址：東京都葛飾區堀切1-33-1
官網：https://kfi.co.jp/

☞ P.50

村上衡器製作所股份有限公司

地址：大阪市旭區赤川2-10-31
官網：https://www.murakami-koki.co.jp/

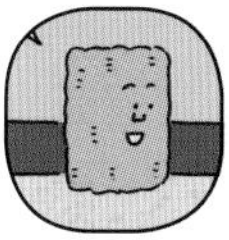

☞ P.60

日本鋼絲絨股份有限公司

地址：東京都港區白金台3-19-1 興和白金台大樓9F（總公司）
官網：http://n-steelwool.co.jp/

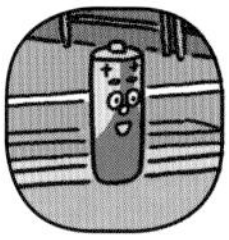

☞ P.66

Panasonic 股份有限公司

地址：大阪府門真市大字門真1006（總公司）
官網：https://www.panasonic.com/jp/home.html

☞ **P.76**

氣象廳 氣象儀器檢定試驗中心

地址：筑波市長峰1-2

☞ **P.84**

東京大學 大學院綜合文化研究科·教養學部 駒場博物館

地址：東京都目黑區駒場3-8-1

官網：http://museum.c.u-tokyo.ac.jp/index.html

☞ **P.90**

公益財團法人 日本科學技術振興財團 科學技術館

地址：東京都千代田區北之丸公園2-1

官網：http://www.jsf.or.jp/index.php

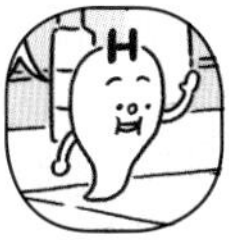

☞ **P.118**

大學共同利用機關法人 自然科學研究機構 核融合科學研究所

地址：岐阜縣土岐市下石町322-6

官網：https://www.nifs.ac.jp/index.html

☞ **P.128**

東京大學 宇宙射線研究所附屬神岡宇宙基本粒子研究機構

地址：岐阜縣飛驒市神岡町東茂住456

官網：http://www-sk.icrr.u-tokyo.ac.jp/index.html

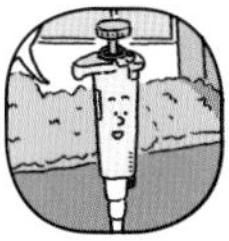

☞ **P.138**

NICHIRYO股份有限公司

地址：埼玉縣越谷市西方2760-1（越谷本社工廠）

官網：https://www.nichiryo.co.jp/index.html

☞ **P.148**

日本製紙CRECIA股份有限公司

地址：東京都千代田區神田駿河台4-6（總公司）

官網：https://www.crecia.co.jp/

〈致謝辭〉

感謝許多企業與團體的協助，本書才得以完成。
這些企業與團體不僅協助《兒童的科學》雜誌的採訪，也允許內容結集成書，
甚至幫忙審查原稿，提供了許多幫助，真的非常感謝。
為了不輸給諸位在面對製造時的態度與思維，以及對科學的熱情，我們將會繼續努力。
今後也懇請各位多多指教。

上谷夫婦

作者：上谷夫婦
生於日本奈良縣，現居神奈川縣。是一對夫妻檔作家，先生曾在化妝品製造商資生堂擔任研究員，太太則為非理工背景出身。最愛吃京都拉麵。主要著作有《燒杯君和他的夥伴》、《燒杯君和他的化學實驗》、《燒杯君和他的偉大前輩》（遠流），以及《燒杯君與放學後的實驗教室》、《最有梗的元素教室》（親子天下），和《直擊工廠生產線！透鏡君的品質檢驗之旅》（楓葉社文化）等等。
最喜歡的實驗器材還是燒杯，最喜歡的實驗是抽氣過濾實驗。
twitter資訊隨時更新中@uetanihuhu。

專欄：山村紳一郎
科學作家。出生於東京都。日本東海大學海洋學系畢業後，曾擔任雜誌記者與攝影師，從事科學技術與科學教育的取材及寫作，為介紹和啟發「有趣、易懂、觸感佳和有夢想的科學」而努力。2004年起，也在日本和光大學擔任兼任講師。
最喜歡的實驗器材是錐形燒杯，最喜歡的實驗是振盪反應。

裝訂／設計：佐藤アキラ
校對：片岡史惠

國家圖書館出版品預行編目（CIP）資料

燒杯君和他的小旅行：探訪實驗器材的故鄉／
上谷夫婦著；林詠純譯.-- 初版. -- 臺北市：
遠流出版事業股份有限公司, 2022.09
160面；14.8×21公分
ISBN 978-957-32-9677-5（平裝）

1. 化學實驗　2. 試驗儀器

347.02　　111011337

燒杯君和他的小旅行

作者／上谷夫婦
譯者／林詠純

出版六部總編輯／陳雅茜
美術主編／趙瑷
特約行銷企劃／張家綺

發行人／王榮文
出版發行／遠流出版事業股份有限公司
臺北市中山北路一段11號13樓
郵撥：0189456-1　電話：02-2571-0297　傳真：02-2571-0197
遠流博識網：www.ylib.com　電子信箱：ylib@ylib.com
ISBN／978-957-32-9677-5
2022年9月1日初版

定價．新臺幣350元

BEAKER KUN GA YUKU! KOUJOU・HAKUBUTSUKAN・JIKKENSHISETSU